AF592292

CONSIDÉRATIONS

SUR LES

LOIS QUI PRÉSIDENT A L'ACCOMPLISSEMENT

DES

# PHÉNOMÈNES NATURELS

RAPPORTÉS A L'ATTRACTION NEWTONIENNE

ET BASÉES SUR LA SYNTHÈSE
DES ACTIONS MOLÉCULAIRES EXPOSÉE DANS LES MÉMOIRES PUBLIÉS
JUSQU'ICI

**Par M. SEGUIN aîné**
Membre correspondant de l'Institut impérial (Académie des sciences)

PARIS
A. TRAMBLAY, DIRECTEUR DU COSMOS
RUE DE L'ANCIENNE-COMÉDIE, 18

1861

# CONSIDÉRATIONS

SUR LES

LOIS QUI PRÉSIDENT A L'ACCOMPLISSEMENT

DES

# PHÉNOMÈNES NATURELS

RAPPORTÉS A L'ATTRACTION NEWTONIENNE



**Lettre de M. Seguin aîné à M. Tramblay.**

Monsieur,

Vous m'avez fait part plusieurs fois des demandes que vous aviez reçues pour m'inviter à vous adresser une lettre que vous pussiez insérer au *Cosmos* afin de donner à vos Abonnés un aperçu sommaire des idées que j'ai émises depuis quelques années pour expliquer, à l'aide de l'attraction newtonnienne, non-seulement la cohésion ou attraction moléculaire, mais encore tous les phénomènes physiques naturels. Ces travaux ont été de ma part l'objet de différents Mémoires adressés à l'Académie des sciences, et insérés dans les *Comptes Rendus*, dans la limite qui m'était accordée comme membre correspondant.

Je ne suis point le créateur de cette nouvelle théorie, dont la première idée est due au célèbre Montgolfier, mon oncle, qui dès l'année 1800, confia aux soins de toute ma vie la mission d'éclaircir l'idée fixe que la justesse naturelle de son esprit lui avait fait entrevoir instinctivement, savoir que *la force et la chaleur ne sont que des manifestations, sous une forme différente, d'une seule et même cause.* Ce grand principe, dont le génie de mon oncle avait pris soin de déposer le germe dans mon sein, a fait, depuis lors, l'étude de toute ma vie et m'a amené à édifier, au moyen de la synthèse qui formait essentiellement le fond et la nature d'esprit de mon oncle, ma grande théorie de la constitution

1

moléculaire des corps, théorie que depuis lors j'ai développée sous diverses formes, et dont j'ai déjà fait un grand nombre d'applications, à mesure que l'occasion s'en présentait, soit à l'Institut soit dans le *Cosmos*.

Déjà M. Cauchy, très-impressionné par la lecture que je fis de l'un de mes mémoires, le 1er novembre 1853 à la séance de l'Institut, me témoigna le vif intérêt qu'il prenait à mes recherches, et me pria alors de lui adresser une lettre pour lui exposer d'une manière succincte quelles étaient précisément mes idées au sujet de la constitution matérielle des corps, et des lois qui régissent les actions que les molécules dont sont composés ces corps exercent les unes sur les autres, question que le célèbre analyste avait traitée lui-même dans des Leçons qu'il avait données publiquement à Turin, alors qu'une divergence d'opinion avec le gouvernement de l'époque l'avait décidé à quitter momentanément la France pour porter en Italie le flambeau de son vaste génie et le trésor de son immense érudition.

Pour me conformer à un désir qui, de la part d'un homme aussi éminent, était aussi honorable pour moi, je lui adressai à ce sujet une longue lettre le 17 janvier 1854, mais sans beaucoup d'espoir que l'intérêt qu'il avait paru attacher aux vues si nouvelles sous lesquelles je venais lui présenter l'explication des phénomènes de la nature dont il était le plus difficile de se rendre compte, et de donner la solution des questions les plus controversées dans l'état actuel de la science, pût le décider à prêter à l'examen de mes nouvelles théories tout le temps et toute l'attention nécessaires pour parvenir à s'en pénétrer, de manière à pouvoir formuler en parfaite connaissance de cause un jugement sur cette grave question. Je ne tardai pas à m'apercevoir que mes craintes se réalisaient; mais désireux à tout prix d'avoir l'avis d'un homme si supérieur en pareille matière, je ne laissai dans aucune circonstance échapper l'occasion de lui rappeler les promesses, qu'il me faisait toujours, de répondre à ma lettre. Sa mort si imprévue, si regrettable, en faisant un vide immense dans la partie de la science qu'il avait tant avancée, me fit perdre tout espoir de joindre probablement son suffrage à celui des hommes éminents, dont jusqu'ici j'ai pu enregistrer des témoignages de sympathie qui m'ont été bien précieux.

C'est pourquoi, Monsieur, je viens réclamer de vos Abonnés l'attention que demandera l'examen de questions liées à un ordre de faits dont l'explication se trouve être presque sur tous les points en contradiction avec les idées émises et acceptées par la science actuelle.

Ce sera donc au point de vue de l'application de mes nouvelles idées, à l'explication plus simple et plus rationnelle des faits qui ont surgi de toutes parts, depuis que le concours d'hommes éminents a fait naître tant de découvertes et réalisé de si grands progrès dans la physique moderne, que je m'attacherai à vous démontrer que les théories reçues et acceptées par la science ne peuvent plus, en présence de ces nouveaux faits, soutenir un examen sérieux et impartial. La seule habitude de rester instinctivement attaché à des principes dans lesquels on a été élevé, et qui se trouvent en outre environnés du prestige qui accompagne toujours les idées émises par des hommes dont on s'est habitué à entourer le nom et les talents d'un juste respect, peut contribuer encore à faire envisager les faits sous un point de vue qui, on ne peut se le dissimuler, se trouve aujourd'hui en pleine contradiction avec l'explication qu'en donne la science. Dans une pareille disposition d'esprit, j'ai été surtout frappé de voir dans le numéro du *Cosmos* du 6 juillet 1860, page 16, M. l'abbé Moigno citer, en rendant compte de la lettre de M. de Gaillo, quelques passages du *Traité de physique* de M. Matteucci, dans lequel ce savant exprime le désir de voir surgir enfin une théorie qui soit plus propre que celles de nos jours à donner une explication des phénomènes physiques dont la science s'est enrichie par les nombreuses et si intéressantes découvertes modernes, et j'ai pu concevoir l'espérance qu'il recevrait avec plaisir la communication de la lettre que je vous adresse aujourd'hui.

La première, et sans contredit la plus importante de toutes les difficultés que présente l'adoption des idées généralement admises sur la nature du calorique et du mouvement, c'est de concilier les faits en considérant ces deux manifestations d'un même phénomène sous des aspects différents, et comme indépendants l'un de l'autre. Et l'on doit avouer à cet égard qu'il est difficile à tout esprit droit et non prévenu de résister à l'évidence des raisonnements du célèbre physicien M. Grove qui, dans sa *corrélation des forces physiques*, a exposé sous un si grand jour, et montré d'une manière si claire les rapports frappants qui lient tous ces phénomènes entre eux.

Trop de faits viennent démontrer aujourd'hui la matérialité des corps désignés jusqu'ici sous le nom d'impondérables, pour que les physiciens puissent vouloir résister plus longtemps à l'évidence. Persister à soutenir qu'un corps qui n'est pas matériel agit cependant sur la matière, est évidemment un paradoxe qu'on ne peut soutenir qu'en mettant sa raison de côté, et en introduisant dans la science une considération métaphysique qui, par sa nature même, doit être rejetée. Comme toutes les choses qui sortent des limites de la raison que Dieu nous a donnée pour nous éclairer dans la recherche de la vérité, une pareille assertion doit être soumise à la plus sévère investigation avant de pouvoir être acceptée et adoptée par la science. Comment en effet expliquer l'action produite par la lumière et le rôle qu'elle joue dans les réactions chimiques; comment se rendre compte des traces ineffaçables et des altérations matérielles qu'elle fait éprouver aux corps, sur lesquels elle exerce son action d'une manière si éclatante pendant que s'opèrent les phénomènes de la photographie? N'est-il pas évident qu'ici l'action du corps lumineux imprime à la substance sur laquelle s'exerce cette action une modification qui en change complétement la nature?

Et les substances fulminantes qui, aussi longtemps qu'elles restent dans l'obscurité, se trouvent maintenues et unies entre elles par les liens de la cohésion, et dont les divers éléments se séparent violemment et volent en éclats, lorsqu'elles sont subitement frappées par un rayon lumineux, n'exigent-elles pas évidemment un effort, une action matérielle analogue à celle qu'il est nécessaire de déployer dans toute autre occasion semblable pour produire de pareils effets : il faut bien admettre alors qu'une cause, une puissance quelconque de la même nature et ayant la même origine que celle des effets produits, vient exercer sur les phénomènes une action capable d'y déterminer de si grands changements.

En portant d'autre part notre attention sur les actions qui sont le résultat des phénomènes électriques, nous voyons de la matière transportée relativement en grandes masses par les courants, et si peu décomposée, si peu altérée, que l'on retrouve les traces des métaux portés d'un pôle de la pile à l'autre, et réciproquement, dans le plus grand état de pureté. Une étincelle qui traverse une plaque de métal polie, enlève sur son passage des quantités plus ou moins considérables de ce métal dont l'absence est constatée par la rugosité des surfaces dans tous les points traversés par le fluide.

Si nous passons de là aux phénomènes inverses, c'est-à-dire

ceux qui déterminent la production des corps dits impondérables et qui devraient, comme tels, être considérés comme soustraits à l'empire de la gravitation qui exerce son action sur tout ce qui est matière, nous voyons la chaleur et la lumière naître de combinaisons et de décompositions réciproques de corps matériels. L'électricité et le magnétisme se produisent par le frottement, le contact, le changement d'état et de température de corps aussi matériels. Dans l'expérience du disque tournant d'Arago, lorsque la vitesse est assez grande et que l'aiguille suspendue par son centre de gravité, et séparée du disque par n'importe quel corps, se met en mouvement dans le même sens que le disque, comment résister à la pensée que la rotation rapide du disque en fait détacher des molécules qui, en suivant la direction de son mouvement, entraînent l'aiguille dans le même sens que le disque. Et il est infiniment probable que s'il était possible de communiquer à ce disque, comme à tout autre corps, un mouvement assez rapide et suffisant pour que la force centrifuge qui en résulterait devînt plus grande que la cohésion qui maintient ces molécules réunies les unes aux autres, il se manifesterait un phénomène analogue à celui de la déflagration des substances fulminantes; et ces mêmes molécules se détachant du corps auquel elles appartiennent produiraient sur nos sens les mêmes effets que ceux des molécules lumineuses qui nous viennent du soleil et des corps comburants en ignition.

Sans doute, s'il était reconnu et bien constaté qu'il est impossible que tous ces effets dérivent d'actions exercées de la part de molécules matérielles de même nature que celles des corps sur lesquels ces molécules agissent, il faudrait bien aller chercher ailleurs que dans les faits physiques des considérations, même parmi celles que la raison repousse et rejette au premier abord, pour faire dépendre les phénomènes de causes occultes et incompréhensibles.

Mais il ne faut pas l'oublier, nous avons, pour expliquer les phénomènes de la vision, l'opinion brillante de clarté et de lucidité de Newton sur la matérialité de la lumière. Un physicien célèbre, M. Biot, que l'on peut considérer à juste titre comme successeur de l'immortel auteur auquel est due la découverte de l'attraction, a depuis lui soutenu, étayé, développé sa théorie dans un ouvrage de physique avec le talent et la lucidité d'esprit qu'il sait apporter, malgré son grand âge, à toutes les questions scientifiques qu'il admet à faire le sujet de ses savantes investigations.

Or, j'eus occasion de demander à M. Biot, il y a trente ans environ, ce qu'il pensait des deux théories de la lumière, et de la préférence que l'on devait accorder soit à celle de l'émission, dont il s'était porté le partisan et le défenseur, soit à celle des ondulations, basée sur l'existence de l'éther. Il me répondit qu'il considérait l'une et l'autre de ces théories comme marchant collatéralement, étayées l'une et l'autre par des observations et des faits qui faisaient pencher la balance tantôt vers l'un et tantôt vers l'autre de ces deux modes de considérer et classer les phénomènes, suivant que de nouvelles découvertes venant corroborer les considérations et les principes sur lesquels était basée chacune de ces théories, déterminaient les savants à donner la préférence à l'une d'elles. Il ajoutait qu'à l'époque où se trouvait la science, le système des ondulations paraissait avoir une faveur assez marquée sur celui de l'émission ; mais qu'il arriverait probablement un temps où le tour de ce dernier viendrait, jusqu'à ce que, par suite d'alternatives résultant de l'ignorance où l'on était encore sur la nature, la manière d'être et d'agir de la lumière, et par suite des développements que prenait chaque jour la science de l'optique et celles qui lui servaient d'appui, on parvînt à relier entre eux, par des lois simples et susceptibles de pouvoir être acceptées sans discussion, des phénomènes dont on ne devrait accepter les explications données jusqu'alors que comme des tentatives trop incertaines pour les regarder comme la véritable expression des faits.

En présence de l'opinion d'un savant aussi familiarisé avec toutes les considérations capables de décider les physiciens à se ranger sous l'une ou l'autre de ces deux hypothèses, il est sans aucun doute permis de se livrer à un examen sévère, pour s'assurer si la masse de faits nouveaux qui se sont accumulés depuis lors, ne justifierait pas la prétention, que j'élève aujourd'hui, de substituer de nouveau la théorie de Newton à celle de Fresnel.

De quoi s'agit-il, en effet, pour atteindre ce but ? D'examiner si les théories qui ont été employées jusqu'ici pour parvenir à l'explication des phénomènes lumineux, et qui sont basées sur la supposition de l'existence hypothétique d'un fluide, doué gratuitement de toutes les propriétés nécessaires pour qu'il se prêtât à la vérification des faits prévus et annoncés, si toutes les formules et les calculs d'où elles dérivent ne pourraient pas également être applicables à l'opinion de Newton, qui veut que les particules lumineuses soient elles-mêmes matérielles, et comme telles, assujetties aux lois qui régissent la matière en général.

Lorsqu'il s'agit de phénomènes qui découlent des grandes et immuables lois établies par le divin Créateur de toutes choses, rien n'est grand, rien n'est petit. Considérer la division de la matière et sa densité à un état tel que tout l'univers visible puisse être contenu dans la plus minime des parcelles dont il nous serait possible d'apprécier l'existence, ne doit pas nous effrayer davantage que la conscience que nous avons de la prodigieuse vitesse de ces astres dont la parallaxe annuelle ne s'élève qu'à quelques minimes fractions de seconde, et dont cependant nos moyens d'observation nous permettent d'enregistrer les changements de position et de constater les déplacements. Nous avons enfin le sentiment intime et la certitude de l'infini du temps et de l'infini de l'espace, notions inabordables à notre raison, et qu'il faut bien cependant accepter, comme si Dieu eût voulu nous montrer par ces perceptions, que nous ne pouvons nier, bien qu'elles soient incompatibles à notre nature, combien nous devons nous défier de nos sens et des bornes étroites de notre faible raison, lorsqu'il est question d'envisager l'immensité et la magnificence de ses œuvres.

Or, sur quoi se fonde l'édifice qui sert de base à l'explication des phénomènes lumineux dans la théorie des ondulations? Sur l'existence d'un fluide qui joue à l'égard de la lumière le même rôle que l'air à l'égard du son, dont il propage les vibrations de proche en proche, lorsque l'ébranlement qui lui a été communiqué par un corps sonore a mis en mouvement les parties de l'air qui se trouvaient immédiatement en contact avec ce corps.

Les vibrations de l'éther se manifestent d'une manière analogue à celles de l'air au contact du corps sonore, et se transmettent suivant certaines lois exprimées par des relations transcendantes qui suffisent pour expliquer et prévoir ces phénomènes. Ces vibrations ont lieu autour de centres d'actions, en leur faisant parcourir diverses phases de contraction et de dilatation dont les variations de formes affectent tantôt des sphères et tantôt des ellipsoïdes de révolution dont la fréquence et l'amplitude ont été calculées pour les cas relatifs à la divergence des phénomènes. Il reste admis que l'étendue de la vibration du rayon qui produit sur la rétine de l'œil la perception du rayon rouge est de 620 millioniêmes de millimètre, celle du rayon jaune 551, et celle du rayon bleu 475. Quant au nombre de vibrations que chacun de ces rayons exécute dans une seconde, on sait que pour le rouge il s'élève à 481 billions, pour le jaune à 563, pour le bleu à 653. Ces nombres sont sans doute magiques et imposent beaucoup à ceux qui s'inclinent avec respect et humilité devant le puissant génie de l'homme, qui est parvenu à déterminer avec cette exactitude les plus minutieuses circonstances d'un phénomène aussi admirable que celui de la vision.

Mais pour peu qu'on se soit familiarisé avec les lourdes chutes et le fracas avec lequel s'écroulent le plus souvent ces appréciations et les théories sur lesquelles elles sont appuyées ; et qu'on sache le peu d'importance que le véritable physicien, observateur et scrutateur sérieux des phénomènes de la nature, attache à tout ce qui n'est que le produit des théories et des spéculations qui se résument en calculs prématurés, pour déterminer les limites exactes entre lesquelles doivent avoir lieu des phénomènes dont il faudrait d'abord commencer par bien constater l'existence, on se tient sur la réserve, on marche avec prudence du connu à l'inconnu, et l'on classe soigneusement dans son esprit, suivant leur ordre de probabilité, les systèmes et les hypothèses dont sont si prodigues les innovateurs de nos jours !

Supposons donc, pour un moment, que toutes les théories qui ont pour but d'expliquer les phénomènes lumineux en empruntant le système des ondulations, sont exactes, et que les calculs basés sur la vérité de ces théories sont suffisants pour représenter fidèlement tous les faits, et voyons si, sans employer l'artifice de la supposition d'un agent aussi hypothétique que l'éther, il ne serait pas possible de faire rentrer tous les phénomènes de la vision sous l'empire des lois de la gravitation, tout en conservant les conditions fondamentales sur lesquelles est basée l'explication de ces phénomènes dans la théorie des ondulations.

Et d'abord, l'éther doit, *à priori*, être considéré comme dépourvu des qualités de la matière, sans cela il ne pourrait remplir l'univers et rester, comme on le suppose, à l'état de repos ; en effet l'éther, de quelque nature qu'on puisse le supposer, s'il participait à la grande loi de l'attraction ou était susceptible de mouvement, obéirait aux lois de la gravitation : il tendrait à se grouper, à prendre un mouvement de translation, soit dans un sens, soit dans un autre, et il en résulterait, dans les temps que la lumière emploie pour parcourir les espaces qui nous séparent des diverses sources d'où elle émane, des différences que l'observation ne nous a jamais fait apercevoir.

Si l'éther est considéré comme non matériel et divisé en centres d'action au repos, comment se fait-il qu'une de ses molécules en vibration puisse transmettre en même temps, à toutes les molécules matérielles dont elle est environnée, toute la vitesse dont elle est pourvue? quelle est la loi qui préside à cette communication de mouvement dont nous n'avons ni idée ni exemple dans tout ce qui se passe sous nos yeux et autour de nous? Dira-t-on que l'action de ce fluide s'exerce sur la matière de la même manière que l'âme le fait sur le corps? Je n'ai jamais vu encore de physicien sérieux en venir à cette extrémité, et s'évertuer à briser la raison humaine par un pareil argument.

Passons actuellement à l'hypothèse dans laquelle, suivant la théorie de Newton, les effets des phénomènes seraient produits par l'action de molécules matérielles obéissant aux lois de l'attraction; et supposons qu'à l'origine du temps, ces molécules étaient disséminées dans l'espace, symétriquement et régulièrement, immensément, pour ne pas dire qu'elles étaient infiniment petites, et que leur densité était en raison inverse de leur division, c'est-à-dire d'autant plus grande que celle-ci était plus petite. Telle est l'opinion qui me fut émise sur la nature de la matière par le célèbre John Herschel, dans une conversation que j'eus à ce sujet avec lui en 1824.

Considérons donc les molécules matérielles, ou plus simplement de simples centres d'action dans l'état où je viens de les définir, en faisant usage pour déterminer les actions qu'ils exercent les uns sur les autres, des mêmes moyens que l'on emploie pour apprécier les mouvements des corps célestes. On comprend bien que tous les calculs employés dans la mécanique céleste sont également applicables à tout corps qui, comme eux, est soumis à la loi de l'attraction; et rien, il me semble, ne me paraît plus susceptible d'être assimilé à des molécules, dans l'état que je viens de définir, que les substances solubles à l'état où elles se trouvent dans des liquides ou des gaz, lorsqu'elles y sont en dissolution.

Dans l'un et l'autre cas, en effet, les molécules matérielles se trouvent en présence les unes des autres, et sont exactement dans les mêmes conditions d'existence, quant aux masses et aux distances; les actions égales et opposées qu'elles exercent les unes sur les autres doivent donc nécessairement se faire équilibre, et il n'y a pas lieu de croire que leurs positions respectives puissent changer tant que subsistent les causes qui les maintiennent à cet état. Mais aussitôt que quelque circonstance de la nature de celles qui déterminent des changements dans le mode d'existence de ces corps, circonstances qu'il ne nous est pas plus donné d'apprécier, que permis de définir la nature des effets qui en résultent, vient à se manifester en s'introduisant dans les rapports qui déterminaient la manière dont la cohésion exerçait son action sur les molécules de ces corps, on voit à l'instant ces molécules obéir à des lois autres que celles qui les régissaient auparavant, se réunir les unes aux autres d'une manière régulière et symétrique, se grouper autour de centres d'action, et y former des agrégations dont les formes et les dimensions sont déterminées par le mode d'existence de ces mêmes molécules qui leur ont donné naissance ; et on voit apparaître alors des précipités de substances homogènes ou bien différentes les unes des autres et combinées entre elles, affectant des formes cristallines qui démontrent une nouvelle manière d'être de ces corps qui ne s'était pas manifestée auparavant.

Il faut bien le remarquer, ces changements d'état sont souvent la suite d'actions dues seulement à un simple déploiement de forces changeant les conditions qui déterminent la nature des corps et la position respective des molécules entre elles. Tels sont les effets produits par un léger mouvement imprimé à un vase en repos, dans lequel se trouve de l'eau à l'état liquide ; quoique sa température soit à un grand nombre de degrés au-dessous du terme de la congélation, l'eau se solidifie à l'instant même où on lui imprime la plus légère secousse ; tel est encore l'état d'inertie respective dans lequel persistent les éléments de diverses substances, qui, sans exercer aucune action les unes sur les autres aussi longtemps qu'elles restent dans l'obscurité, se combinent, détonent, changent d'état ou de couleur aussitôt qu'elles se trouvent atteintes par un rayon de lumière.

Or, il semble qu'il a dû en être ainsi des molécules matérielles disséminées dans l'espace lorsqu'une cause représentée par le *Fiat lux*, émanant du Créateur, a permis que la matière, qu'il avait créée d'abord inerte jusque-là, commençât à jouir de la faculté de s'attirer, et que les molécules dont elle est composée se groupassent les unes autour des autres, en vertu de la nouvelle loi à l'empire de laquelle la matière se trouvait désormais assujettie.

Ainsi qu'on le remarque dans les agrégations de substances en suspension dans des liquides ou dans les gaz, dans la formation des vapeurs, dans les combinaisons et précipitations chimiques, l'équilibre qui établissait la distance primitive des molécules entre elles une fois troublé, toutes ces molécules ont dû se mettre en mouvement, obéissant comme les corps célestes et à leur action individuelle, et à celle des masses dont elles faisaient partie : de la même manière que les satellites qui, tout en exécutant leur mouvement autour de la planète dont ils dépendent, constituent avec elle un système dont on considère en astronomie le mouvement comme s'il était le résultat d'une seule masse concentrée au centre commun de gravité de ces corps.

Les molécules matérielles, dans toute l'étendue de l'espace, ont donc dû former plusieurs ordres d'agrégations, constituant chacun des systèmes ou centres d'action partiels formant, comme dans notre système stellaire, une hiérarchie dans laquelle la dépendance des différents ordres était déterminée par les dimensions de chacun d'eux.

Parmi ces systèmes, considérons-en deux des plus élémentaires placés dans les conditions d'existence les plus éloignées l'une de l'autre ; savoir un de ceux qui avoisinaient le centre de gravité, et un autre parmi ceux qui s'en trouvaient les plus distants. Les molécules qui composaient l'un et l'autre de ces systèmes se trouvaient évidemment, eu égard à leurs actions réciproques individuelles, dans des circonstances exactement semblables, tandis qu'en considérant la masse entière comme se portant vers le centre commun de gravité, les premières devaient presque rester en repos et garder leurs positions respectives, et que les agrégations matérielles qui se formaient dans les régions les plus éloignées du centre devaient y parvenir avec d'immenses vitesses, puisqu'elles y étaient sollicitées par la masse entière contenue dans l'espace que l'on considérait.

Et comme dans le trajet on pouvait regarder ces molécules en mouvement comme se trouvant dans un état de repos respectif, eu égard les unes aux autres, un certain nombre d'entre elles ont dû devenir elles-mêmes des centres d'action, et ceux-ci à leur tour se grouper de manière à former plusieurs ordres d'agrégations assujettis à des dimensions, des formes et des mouvements différents entre eux, par suite des diverses conditions dans lesquelles ils se trouvaient.

Je vais actuellement m'arrêter à déterminer le mode suivant lequel ont dû se grouper les molécules pour former une agrégation, un cristal, si l'on veut nommer ainsi le corps réduit à sa plus simple expression, et je considérerai pour cela l'espace comme entièrement occupé par des sphères d'une dimension appréciable, au centre de chacune desquelles se trouve placée une molécule matérielle infiniment petite, ou si l'on veut, un centre d'action dépourvu de toute attribution matérielle, et qui se touchent toutes par douze points comme des boulets sphériques empilés les uns sur les autres. Or si, dans une pareille pile supposée indéfinie, on isole par la pensée une agrégation ou assemblage de treize de ces sphères, on trouve qu'il en résulte un assemblage formé par treize sphères ou éléments, dont l'une occupe le centre et en forme le noyau. Chacune des douze autres sphères qui sont placées autour du noyau touche ce noyau par un de ses points, et leur ensemble forme lui-même un solide ou polyèdre qui peut être inscrit dans une sphère dont le diamètre est trois fois celui de la sphère primitive. On remarque de plus, en examinant bien attentivement cet assemblage, que ces sphères considérées trois à trois, se trouvent placées sur six diamètres de la grande sphère inclinés également les uns sur les autres, et formant respectivement entre eux dans tous les sens des angles de soixante degrés.

En joignant les douze extrémités des six diamètres par des droites, il résulte huit triangles et six carrés dont tous les côtés sont égaux, et l'on obtient la figure désignée en cristallographie sous le nom de cubo-octaèdre.

Isolons actuellement ces treize molécules de toutes celles qui les environnent, afin de déterminer comment elles exerceront leurs actions les unes sur les autres, si une cause quelconque vient à détruire l'harmonie de distance qui les maintenait dans leurs positions respectives.

Il est évident que si aucune cause étrangère n'exerce d'action sur elles, les douze molécules extérieures, considérées comme dépourvues d'existence matérielle, graviteront vers celle qui occupe le centre de gravité, et qui elle-même restera immobile ; elles arriveront toutes ensemble à ce centre qu'elles traverseront pour aller se placer et arriver au repos à l'autre extrémité du diamètre qu'elles auront parcouru ; et elles recommenceront ensuite, dans des circonstances identiquement les mêmes, une suite indéfinie de pareilles oscillations.

On pourra donc considérer l'ensemble du système comme une seule molécule concentrée au centre de gravité de ce système, et exerçant à son tour, sur les douze autres systèmes dont il est environné, une action analogue à celle que les treize molécules élémentaires exerçaient les unes sur les autres dans les mêmes circonstances, et ainsi de suite, en formant divers ordres de systèmes, jusqu'à ce que la masse entière participe à ce mouvement général.

Mais, indépendamment de ce mode de formation qui a pu présider à l'organisation des corps cristallisés formant le premier type régulier des minéralogistes, on peut aussi imaginer que l'équilibre une fois rompu, les molécules se trouvant libres d'obéir à toutes les actions inégales qu'elles éprouvaient par suite des différences de distance de la part de celles dont elles étaient environnées, se sont groupées sous des modes autres, et en affectant des formes différentes de celle que je viens d'indiquer.

Admettons, en effet, qu'une molécule *a* (fig. 1), se trouve dans les conditions de former un centre d'action, et que, d'autres molécules *b* dont elle est environnée, sollicitées par l'attraction qu'elle exerce sur elles, et réciproquement, viennent se réunir pour former une agrégation matérielle; et considérons d'abord cette réunion comme s'opérant dans un plan passant par le centre de gravité des molécules au moment où les six molécules *b* se trouvent au repos à l'extrémité de leur évolution ; la première *a* occupera alors le centre, et les six autres $b^1$, $b^2$, $b^3$, $b^4$, $b^5$, $b^6$, se trouveront disposées à égale distance autour d'elle.

Dans cet état de choses il se présente six intervalles, 1, 2, 3, 4, 5, 6, formés par les dépressions que laissent entre elles les sept sphères, dans chacune desquelles on peut placer une nouvelle sphère qui toucherait par trois de ses points celles sur lesquelles elle repose ; mais les vides déterminés par ces dépressions sont trop rapprochés les uns des autres pour qu'il soit possible de placer une sphère au milieu de chacune d'elles ; et l'on trouve qu'en réduisant leur nombre à trois, que l'on placerait, par exemple, sur les intervalles 1, 3, 5, elles se toucheront réciproquement par un de leurs points en portant par trois autres sur celles qui les supportent, et il restera de libre les trois autres intervalles 2, 4, 6, au-dessus desquels on aurait pu également placer les trois sphères. On voit donc qu'il existe deux manières de placer ces trois sphères sur le plan formé par les sept autres sphères qui leur servent d'appui, savoir en plaçant les trois sphères inférieures $c^1$, $c^2$, $c^3$, sur les intervalles pairs, 2, 4, 6, et les supérieures sur les intervalles impairs, 1, 2, 3 (fig. 2), ou bien en plaçant les sphères supérieures et inférieures sur les mêmes intervalles pairs ou impairs (fig. 3).

Pour se faire une idée bien nette de l'assemblage de ces sphères, et en comprendre les diverses combinaisons, il est presque nécessaire de former les deux figures chacune avec treize petites sphères bien égales réunies avec de la cire, de la colle ou tout autre corps agglutinatif.

La première de ces combinaisons, parfaitement symétrique et régulière, composée de treize éléments dont les faces sont formées par huit triangles équilatéraux et six carrés dont tous les côtés sont égaux, affecte, comme je l'ai déjà fait remarquer, la forme du cubo-octaèdre ; et si l'on abandonne le système à lui-même à cet état, tous les éléments qui composent cette agrégation devront, en obéissant à leurs actions réciproques, osciller indéfiniment autour du centre de gravité occupé lui-même par un de ces éléments. Or, si l'on considère cette agrégation comme une seule masse concentrée autour de la molécule qui occupe le centre de gravité, et que d'autres agrégations pareilles disséminées dans l'espace viennent se réunir en obéissant aux mêmes lois pour former d'autres combinaisons pareilles, on s'apercevra que ces divers éléments, en se groupant en vertu de l'attraction qui tend à les réunir, se trouveront dans des conditions analogues à celles qu'a indiquées Haüy dans ses *Éléments de cristallographie*, pour parvenir à la connaissance des lois qui président à la formation des cristaux au moyen des accroissements ou décroissements qui s'opèrent sur leurs faces ou leurs arêtes. Or, l'on sait que parmi ces combinaisons, la première et la plus simple de toutes est celle qui donne naissance aux cristaux que les physiciens de nos jours ont reconnu pouvoir être traversés par la lumière sans se diviser, et il se trouve précisément que la constitution de ces mêmes cristaux, savoir le prisme triangulaire ou tétraèdre, la pyramide à base quadrangulaire, le prisme ayant pour base un triangle, le prisme à base quadrangulaire et le cube, dérivent immédiatement de la première combinaison que j'ai indiquée produisant le cubo-octaèdre, dans laquelle toutes les molécules forment des files indéfinies disposées sur des lignes droites se coupant toutes en faisant entre elles des angles égaux et symétriquement espacés.

Je vais examiner actuellement quelles sont les conséquences qui découlent de l'autre mode sous lequel j'ai indiqué que les molécules matérielles peuvent se grouper.

Dans ce second cas, les trois molécules $c^1$, $c^2$, $c^3$ occupant, comme dans la première combinaison, les intervalles 6, 2, 4, les trois éléments $d^1$, $d^2$, $d^3$, se trouveront placés au-dessus des éléments $b$ entre les mêmes intervalles. Or, on remarquera que dans cette seconde combinaison les seules molécules $b^1 b^2 b^3 b^4 b^5 b^6$ occuperont les extrémités de diamètres passant par le centre de la molécule $a$; les molécules $c^1 c^2 c^3$ et $d^1 d^2 d^3$, quoique toutes également distantes du centre $a$, ne se trouveront pas aux extrémités d'un même diamètre; les rayons qui mesurent la distance de ces molécules au centre, et qui se trouvaient sur la même direction dans la première combinaison, formeront entre eux un angle, dont le sinus est mesuré par la distance qui existe entre chacun des intervalles que l'on a fait occuper successivement aux molécules supérieures $b^1 b^2 b^3$, et par conséquent la distance qui sépare chacune de ces molécules supérieures $b$ de l'inférieure $c$, à laquelle elle correspondait, sera moindre dans cette seconde combinaison que dans la première. Il suit de là que les distances entre les molécules venant à varier, l'attraction de ces molécules entre elles variera en raison inverse du carré de ces mêmes distances. Comme la même loi n'aura pas alors une action identique sur chacune d'elles, ces molécules exerceront les unes sur les autres des perturbations qui leur feront décrire des lignes courbes dont la molécule $a$ occupera le centre ou le foyer. Et les molécules qui composent le système se trouveront dès lors assujetties à décrire des trajectoires dont la science, dans l'état où elle se trouve actuellement, ne saurait fixer les conditions, en laissant cependant apercevoir que les grands axes des ellipses décrites par les diverses molécules diffèrent entre eux, et que l'on ne pourra plus, par suite, considérer le système comme inscrit dans une sphère, mais bien dans un ellipsoïde dont la forme et les dimensions resteront indéterminées.

Or, si l'on admet qu'il a pu se constituer des agrégations formant des cristaux avec de pareils éléments, soit simples soit combinés avec des éléments sphéroïdaux provenant de la première combinaison, on comprendra qu'il pourra en résulter des corps sur lesquels la lumière, la chaleur, l'électricité et d'autres agents analogues exerceront des actions toutes différentes de celles qui étaient le résultat de ces mêmes actions dans la première combinaison. Comme la chaleur a pour résultat d'augmenter la dimension des corps en accélérant la vitesse des molécules dont ils sont composés, si ces molécules dans leurs excursions parcourent des ellipses, l'augmentation de dimension des corps, résultat de cette accélération de vitesse, aura lieu dans un rapport qui sera fonction de l'excentricité des ellipses dans lesquelles les molécules accomplissent leurs révolutions, et la dilatation de ces corps, ainsi que l'a constaté M. de Sénarmont, variera suivant les positions occupées par ces divers axes dans la contexture du cristal. Il en sera de même lorsque la lumière viendra à traverser ce cristal : une partie de cette lumière pourra, dans ce trajet, être déviée sous un certain angle lorsqu'elle traversera les éléments dont il est composé dans une de ses directions, tandis que dans une autre direction, cette déviation sera relative soit à la vitesse de la molécule en ce point, soit à la position qu'occupe cette molécule dans la trajectoire qu'elle décrit autour du centre de gravité du système auquel elle appartient, différences qui pourront fournir des données sur les phénomènes encore si obscurs de la double réfraction, phénomènes d'autant plus intenses que les cristaux qui en sont doués s'éloignent davantage de la forme simple et primitive qui est donnée par la première combinaison.

On voit en effet que dans cette combinaison le rhomboèdre formé par la réunion de quatre molécules ou éléments dont chaque face forme, avec l'axe principal du cristal, un angle de 35°,16 n'est pas doué de la double réfraction, tandis que dans le spath d'Islande qui possède au plus haut degré cette propriété, ce même angle est de 37°,27. Ne pourrait-on pas admettre que, dans ce dernier cas, il résulte de la disposition des molécules qui forment les éléments dont est composé le cristal que le mouvement de ces molécules s'accomplit dans un espace tel que leurs plus grandes élongations ne s'écartent jamais d'un ellipsoïde circonscrit à tous ses points, et dont l'excentricité est telle qu'elle satisfait à la condition de faire varier l'angle du cristal dans la proportion de l'incidence de ses faces sur l'axe? De pareils éléments combinés, soit entre eux, soit avec d'autres dont les mouvements seraient inscrits dans des sphères, amèneraient à expliquer la formation de cristaux dont les faces seraient inclinées les unes sur les autres sous tous les angles possibles, tels qu'on les observe dans la nature; et il est bien à remarquer que plus la forme des cristaux et les angles que forment entre elles les faces et les arêtes dont l'ensemble constitue le cristal, s'éloignent des formes simples et primitives que l'on peut considérer comme les premiers types auxquels viennent se subordonner tous les phénomènes de la cristallisation, et plus on trouve que ces cristaux possèdent à un plus haut degré les propriétés qui ont pour résultat de modifier la marche des rayons lumineux qui pénètrent dans leur intérieur, suivant qu'ils les traversent dans la direction de leurs différents axes, en donnant naissance à tout le cortége de phénomènes qui accompagnent la polarisation de la lumière.

Les éléments elliptiques considérés comme formant par leur réunion les cristaux dont la structure est la plus variée et la plus compliquée détermineraient des combinaisons qui se prêteraient également bien à expliquer comment ces mêmes cristaux affectent des formes symétriques dont les faces sont placées d'une manière inverse, les unes par rapport aux autres, de la même manière qu'un objet qui se trouve reproduit en sens inverse de sa position quant il est vu dans une glace devant laquelle il est placé; en donnant lieu à des cristaux dextrogyres ou lévogyres, suivant que les axes ellipsoïdaux des éléments dont sont formés ces cristaux, sont tournés ou inclinés à droite (fig. 4) ou à gauche (fig. 5). Il peut en être de même de la polarisation circulaire ou elliptique, puisque dans la seconde combinaison que j'ai décrite, l'arrangement des molécules suit une loi d'où résulte une légère déviation dans la direction de la ligne droite sur laquelle se trouvent les molécules dans la première combinaison; et il est probable que l'examen attentif du mode de formation des cristaux, suivant ces deux combinaisons, et les résultats qui en découlent seraient de nature à jeter un grand jour sur les phénomènes si intéressants, étudiés avec tant de soin et décrits avec tant de clarté par M. Biot. Ces phénomènes forment la base d'une science toute nouvelle dont ce célèbre physicien a donné une idée aussi nette que précise dans les numéros de juin et de juillet 1860 des *Annales de chimie et de physique;* il y montre qu'il existe entre la minéralogie, la chimie et l'optique de nouveaux rapports inconnus jusqu'alors, qui créent entre ces trois sciences une corrélation dont l'existence, avant lui, n'avait été signalée par personne.

Je ne m'étendrai pas davantage sur ces considérations qui m'entraîneraient à embrasser un sujet trop éloigné de celui dans lequel je dois me restreindre actuellement, et exigeraient des connaissances en minéralogie dépassant de beaucoup celles que je possède : il me suffit d'avoir fourni aux hommes spéciaux des indications qui me paraissent de nature à les éclairer et à les guider dans leurs observations et leurs études.

J'ai toujours envisagé jusqu'ici l'action que les molécules matérielles exercent les unes sur les autres, comme restreinte à l'attraction qui sollicite ces molécules à s'attirer individuellement, en raison directe des masses et inverse du carré des dis tances, et cela indépendamment des positions qu'elles occupent, eu égard au centre de gravité vers lequel la masse entière est attirée. Mais, indépendamment de ces mouvements partiels, l'ensemble de tous les systèmes constituant la masse entière éprouve nécessairement un mouvement de translation qui le porte vers le centre commun de gravité, et ce sont les effets de ce mouvement général que je vais actuellement examiner.

En se bornant à considérer l'agglomération matérielle dont l'ensemble constitue le système du soleil, on pourra se rendre approximativement compte de l'étendue qu'elle occupe dans l'espace en se rappelant que toutes les recherches faites depuis quelques années sur la parallaxe des étoiles qui, d'après nos présomptions, entourent le soleil et se trouvent les plus rapprochées de lui, peuvent faire croire qu'en évaluant cette parallaxe à quatre dixièmes de seconde, on se trouvera dans une limite bien suffisamment rapprochée de la vérité pour satisfaire aux conditions de la question que j'ai en vue d'examiner. Cette parallaxe correspond à une distance égale à cinq cent mille fois celle qui sépare le soleil de la terre, et comme cette dernière distance est d'environ trente-six millions de lieues, le diamètre de la nébuleuse qui a donné naissance au système solaire n'en étant que la moitié, puisque l'autre moitié se trouverait dans la circonscription des étoiles environnantes, ce diamètre, dis-je, devait être de deux cent cinquante mille fois trente-six millions de lieues, soit neuf billions de lieues.

Les molécules qui se trouvaient aux extrémités du système ont donc dû être attirées vers le centre de gravité, et y parvenir avec toute la vitesse due à cette immense distance et à la masse énorme de matière cosmique connue ou inconnue, visible ou invisible qui constitue notre univers, en produisant des effets généraux et donnant lieu à des combinaisons que j'ai examinées dans ma Lettre à M. Babinet, insérée dans le 3e volume du *Cosmos*, page 176, ainsi que dans un Mémoire sur la comète de Donati, aussi imprimé dans le *Cosmos*, page 475 du 14e volume.

Or, quelles que soient la masse qu'on attribue à notre système stellaire et la distance à partir de laquelle on suppose que les molécules matérielles placées dans les régions avoisinant les extrémités du système du soleil ont commencé à graviter, le calcul arrive toujours à démontrer que ces vitesses seraient telles qu'elles satisferaient à toutes les suppositions qu'on peut faire pour expliquer les phénomènes attribués aux agents dits impondérables. Et l'on pourra s'en assurer en faisant usage des formules du mouvement varié données par Poisson, formules qui montreront qu'une molécule, en partant des régions qui avoisinent les extrémités du système, arriverait au soleil en vertu de la seule attraction que cet astre exerce sur elle, avec une vitesse de quatre à cinq millions de lieues par seconde; et comme il est infiniment probable que le soleil ne forme lui-même qu'une partie de la masse matérielle qui constitue notre univers, on voit qu'il ne peut s'élever de ce côté aucune objection sérieuse.

Les molécules matérielles, ainsi que les divers ordres d'agrégations et de systèmes partiels qu'elles auront formées entre elles en obéissant à leurs attractions réciproques, arriveront donc de toutes les parties de l'espace vers les régions avoisinant le centre de gravité et traverseront ces régions dans tous les sens animées d'immenses vitesses, en oscillant continuellement autour de ce centre et parcourant des lignes droites ou des ellipses s'en rapprochant beaucoup, par suite de leur immense excentricité. Les molécules placées près du centre de gravité, tout en exerçant les unes sur les autres des actions identiques à celles des molécules placées aux extrémités du système, ne se mettront en marche et n'arriveront au centre de gravité qu'avec une extrême lenteur, puisqu'elles ne seront assujetties qu'à parcourir un trajet beaucoup moins considérable, et qu'elles seront attirées par une masse moindre que celle des extrémités; et il arrivera qu'au bout d'un temps suffisant pour que toutes ces molécules aient exécuté un certain nombre d'oscillations, les systèmes formés par la réunion des molécules les plus éloignées du centre de gravité, que j'ai appelées $\mu$, traverseront continuellement dans tous les sens les systèmes des molécules les plus rapprochées de ce centre, que j'ai désignées par $m$.

Or, en considérant l'action que des corps en mouvement exercent sur les assemblages d'autres corps en repos, relativement aux premiers, j'ai trouvé par le calcul, et j'ai démontré par l'expérience, ainsi que l'on pourra s'en assurer par la lecture de mon Mémoire sur l'origine et la propagation de la force, imprimé dans le *Cosmos*, page 465 du 13ᵉ volume, que le résultat de cette action des $\mu$ sur les $m$ était d'éloigner ces dernières les unes des autres, et que la force perdue par les $\mu$ pour opérer cet écartement représentait exactement la force qui avait été employée pour écarter les $m$ les unes des autres.

J'ai donné à cet effet le nom de *distension*, et, dans un Mémoire sur l'attraction moléculaire, dont je vous envoie un exemplaire, quoique l'impression n'en soit pas encore terminée, j'ai fait voir, en me servant des mêmes considérations, que si des molécules *m* sont en mouvement pour s'approcher les unes des autres, obéissant à l'attraction qui les sollicite, et si les systèmes qu'elles forment entre elles sont traversés par des $\mu$ ou molécules animées de grandes vitesses, ces dernières ralentissent le mouvement des premières en augmentant elles-mêmes de vitesse; et il résulte de là deux forces qui, en se faisant réciproquement équilibre, maintiennent les molécules matérielles en regard les unes des autres, et établissent entre elles des rapports analogues à ceux produits dans l'univers par les actions opposées de la force centripète et de la force centrifuge, dont les résultats sont de maintenir la position et la distance respectives des corps entre eux entre certaines limites propres à en assurer la stabilité.

Partant de là, on comprend comment les molécules qui se trouvaient dans des régions avoisinant le centre de gravité ont pu se grouper entre elles de manière à constituer des corps solides et permanents. A mesure que la masse de ces corps est devenue plus considérable, et leur densité plus grande, la distension a exercé moins d'action sur eux pour écarter leurs molécules, et les divers corps dont l'ensemble constitue le système planétaire ont acquis une très-grande densité, eu égard à celle de l'espace primitif dans lequel était répandue la matière qui leur a donné naissance.

A l'époque de l'âge du monde où nous sommes actuellement parvenus, relativement à l'immensité des temps qui se sont écoulés depuis la période que je considère, on peut regarder la lumière que nous envoie le soleil comme une émanation de cet astre provenant de sa propre substance; émanation provoquée par les molécules matérielles ou par leurs combinaisons qui, en affluant continuellement vers cet astre de toutes les parties de l'espace, sollicitent les agrégations lumineuses à se séparer de lui par suite de la distension qu'elles exercent sur les molécules qui forment ces agrégations, force qui surmonte l'attraction résultant et des actions individuelles que les molécules, formant la masse du soleil, exercent les unes sur les autres, et de la tendance générale de toute la masse à concentrer de plus en plus ses mouvements vers le centre de gravité.

Les systèmes de molécules venant de l'espace, et formant des agrégations presque rudimentaires qui y sont transportées avec d'immenses vitesses, peuvent très-bien n'exercer aucune impression sur nos sens, tandis que les agrégations ou corps déjà constitués formant la masse du soleil, doivent en être détachés, et se répandre à leur tour dans l'espace en affectant des formes différentes les unes des autres, et des dimensions variables de nature à produire sur nos sens les effets de la lumière. Adoptant donc cette supposition qui se trouve basée sur l'accomplissement de lois naturelles dont nous avons l'occasion d'observer chaque jour la constante application, nous parvenons au même résultat que les partisans de l'éther, c'est-à-dire à considérer l'espace comme rempli d'un fluide dont il est impossible d'apprécier les propriétés matérielles, qui sert de véhicule, ou plutôt qui, dans ma manière de voir, se trouve être lui-même l'agent que l'on désigne sous le nom générique de fluide impondérable. On voit de plus que l'action de ce fluide, si l'on peut l'appeler ainsi, dont l'existence est bien moins hypothétique que celle de l'éther, s'étend à une foule de phénomènes inexplicables et inexpliqués jusqu'ici.

En se rendant bien compte de la manière dont j'envisage les actions réciproques des molécules matérielles ou de leurs agrégations les unes sur les autres, on voit que lorsque ces agrégations, formées par des $\mu$, viennent à traverser des corps constitués, les $\mu$ distendent, en les écartant les unes des autres, les molécules $m$ qui les composent, et ils finissent, lorsque cet effet est assez intense, par entraîner la désorganisation de ces corps, en produisant sur eux tous les effets de la combustion et déterminant les molécules $m$, dont sont composés ces corps, à se répandre dans l'espace en y remplissant alors le rôle de $\mu$. Si l'émission des $\mu$ ou de leurs combinaisons est peu considérable, la distension qu'ils exercent sur les $m$ qui constituent les corps qu'ils traversent, se réduit à écarter les $m$, et les dimensions de ces corps varient alors suivant une loi qui est fonction du nombre et de la vitesse de ces molécules $\mu$, et il se produit chez eux les effets de dilatation et de contraction que l'on attribue au fluide particulier auquel on a donné le nom de chaleur; tandis que l'émission de ces mêmes molécules ou de leurs combinaisons, lorsqu'elle a lieu sur une grande échelle, tant sous le rapport du nombre que sous celui de la vitesse des molécules, comme il arrive dans les grands foyers d'ignition, a pour résultat de désorganiser les corps que ces molécules traversent en les distendant; ces molécules alors jouent le rôle des $\mu$ à la place de celui des $m$, qu'elles remplissaient avant la désorganisation partielle du corps dont elles faisaient partie.

Tous ces effets ont lieu dans des limites variables très-étendues, suivant les conditions dans lesquelles sont émises les molécules $\mu$ par le corps comburant, ainsi que la nature et les circonstances dans lesquelles les $\mu$ atteignent les corps sur lesquels ils exercent leur action. Lorsque ces molécules $\mu$ sont en grand nombre et que leur vitesse est peu considérable, elles produisent sur nos sens l'impression de la chaleur ; si, au contraire, leur nombre est relativement petit et leur vitesse très-grande, elles font éprouver à nos yeux la sensation de la lumière, et enfin l'un et l'autre de ces deux effets lorsque les conditions de nombre et de vitesse se trouvent réunies.

En supposant que la chaleur et la lumière ne sont que les résultats d'une seule et même cause, dont les variations produisent l'un et l'autre de ces deux effets, suivant que la vitesse des $\mu$ augmente ou diminue, j'admets par cela même que les sensations produites dans ces divers cas sur notre organisation sont variables avec les causes combinées qui les produisent; et qu'un plus grand nombre de rayons calorifiques avec une vitesse moindre, peut produire des effets analogues, mais non identiques, avec ceux qui seraient le résultat d'un nombre plus limité de rayons avec de plus grandes vitesses, et qu'il en est de même pour la lumière. Il n'est, par exemple, personne qui n'ait remarqué que la chaleur du soleil, quoique en apparence moins intense que celle de nos foyers, pénètre plus avant dans notre organisation, détermine des ophthalmies, des effets d'insolation et autres affections qui ne sont jamais le résultat de la chaleur artificielle que nous produisons par les moyens qui sont en notre pouvoir ; et cela quoique le thermomètre accuse le même degré de température dans l'un comme dans l'autre cas.

Une multitude de faits viennent aussi démontrer que la chaleur n'est autre chose que la manifestation du mouvement des molécules matérielles des corps, et que l'on peut à volonté produire le mouvement d'un corps avec de la chaleur, et réciproquement. Aussi lorsque les rayons venant du soleil traversent l'atmosphère avec de grandes vitesses, ils communiquent à l'air une partie du mouvement dont ils sont animés et élèvent sa température. S'il arrive alors à ces rayons de traverser un corps diaphane ou d'être réflechis par un corps opaque, il en résulte des chocs dans lesquels une partie de la vitesse du corps choquant est transmise au corps choqué : chaque nouvelle molécule, ou rayon lumineux, qui arrive du soleil, perd encore de sa vitesse en la communiquant aux corps qu'il rencontre. Si alors on dispose un appareil dans lequel les rayons sont assujettis à passer continuellement d'une surface à une autre, la vitesse de ces rayons diminue rapidement : on dit alors qu'ils s'éteignent. Mais la température des parties de l'appareil qui ont reçu successivement les atteintes et le mouvement perdu par les rayons lumineux, s'élève en proportion et croît avec une rapidité qui porte cette température à un degré d'intensité qui n'a pour limite que celle de la chaleur des corps avec lesquels l'appareil est en contact, auxquels il transmet alors son excédant de chaleur.

Je pourrais encore citer une foule de faits analogues; mais cette nomenclature serait inutile vu qu'ils se présentent dans tous les actes les plus habituels de la vie.

Les circonstances particulières qui président à l'existence des corps, et qui les maintiennent, soit à l'état solide, soit à l'état liquide ou à l'état gazeux, exercent aussi une grande influence sur la nature des modifications qu'éprouvent les molécules $m$ qui constituent ces corps, par suite du passage des $\mu$ qui traversent leurs systèmes avec de plus ou moins grandes vitesses.

Le passage des corps constitués de l'état solide à l'état liquide et de l'état liquide à l'état de gaz, a généralement lieu d'une manière brusque; et ce changement d'état qui s'opère constamment entre des limites invariables, m'a toujours paru avoir une singulière analogie avec les points singuliers que présentent, dans leur marche, certaines courbes qui, elles aussi, sont l'image de diverses circonstances du mouvement des corps.

On sait, en effet, que les mouvements des corps célestes s'exécutent en parcourant des trajectoires du second degré, et que ces lignes, qui sont au nombre de quatre, l'ellipse, le cercle, la parabole et l'hyperbole, sont représentées par les surfaces que l'on met à découvert lorsqu'on suppose un cône coupé par un plan dans toutes les situations possibles et imaginables. Or, l'ellipse qui caractérise les cristaux à deux axes et à double réfraction, qui se dilatent d'une manière inégale par la chaleur en raison de la direction suivant laquelle elle les pénètre, dont l'excentricité depuis le cercle jusqu'à la parabole est très-variable et qui est, par conséquent, susceptible de déterminer la formation de corps dont les dimensions et les propriétés varient dans les limites les plus étendues, et qui d'ailleurs se prête plus facilement que le cercle à former des combinaisons fixes et stables, par la difficulté qu'éprouveraient les éléments des corps formés dans ces conditions à se pénétrer les uns les autres par suite de la différence des axes qui caractérise cette courbe ; l'ellipse, dis-je, lorsque le mouvement des principes constituants d'un corps affecte la forme de cette courbe, me paraît essentiellement devoir leur imprimer le caractère de la solidité. Mais le passage des corps de l'état solide à l'état liquide s'opère d'une manière brusque, de même que l'ellipse qui devient subitement un cercle, lorsque le mouvement du plan coupant, qui donne naissance aux sections coniques finit, en s'inclinant de plus en plus sur l'axe du cône, par lui devenir perpendiculaire ; et l'on comprend que si, par suite de l'accélération de vitesse éprouvée par les molécules lorsque le nombre et la vitesse des $\mu$ qui traversent leurs systèmes augmentent ; ou, en d'autres termes, quand la température du corps s'élève de plus en plus, il peut arriver un moment où les éléments des courbes décrites éprouvent des perturbations qui amènent ces molécules à accomplir leurs révolutions dans des orbites circulaires. Or en se rendant bien compte de la manière dont j'envisage le phénomène, on voit facilement que lorsqu'un corps solide est traversé par des molécules $\mu$ en assez grand nombre et animées de vitesses assez considérables pour communiquer aux molécules $m$ dont il est composé, une quantité de mouvement suffisante pour le faire passer de l'état solide à l'état liquide, ce corps se liquéfie et affecte subitement ce dernier état ; les $\mu$ cédant alors une partie de la force ou quantité de mouvement dont ils étaient animés, perdent en même temps de leur vitesse, sensation qui se manifeste par l'impression de froid qui se produit dans l'acte de la liquéfaction de la glace et de la majeure partie des corps qui passent de l'état solide à l'état liquide.

L'effet inverse, c'est-à-dire celui où les corps liquides en se congelant dégagent de la chaleur, est tout aussi remarquable et fait également bien ressortir la concordance des faits avec la nouvelle théorie ; on voit bien, en effet, que puisque les corps en passant de l'état liquide à l'état solide perdent une partie du mouvement intestin qui animait leurs molécules ; les $\mu$ qui traversent à chaque instant, dans tous les sens, les systèmes dont sont composés ces corps au moment de leur solidification, s'emparent eux-mêmes de ce mouvement qui augmente leur vitesse : phénomène qui se traduit par une augmentation de mouvement ou de chaleur des $\mu$, laquelle se communique aux corps qui se trouvent sur leur passage.

En étendant aux gaz l'analogie que je viens de signaler entre l'état des corps, la vitesse dont sont animées les molécules qui les composent, la nature des lignes courbes que décrivent ces molécules autour de leurs centres d'action respectifs, et la quantité de chaleur que ces corps accusent dans ces diverses circonstances; et considérant de plus que l'existence des gaz est principalement caractérisée par cette condition : que la tendance de leurs molécules à s'éloigner les unes des autres et à se répandre d'une manière indéfinie dans l'espace, lorsqu'aucun obstacle ne s'y oppose, n'admet aucune limite, j'arrive à ce résultat que lorsque les conditions de vitesse des molécules qui constituent un corps solide ont atteint la limite à laquelle ce corps passe à l'état liquide, et que cette vitesse se trouve encore augmentée par le passage des $\mu$, dont la vitesse tend de plus en plus à accélérer le mouvement des molécules $m$ du liquide, il arrive un moment où cette vitesse des $m$, toujours croissante, atteint les limites auxquelles le liquide entre en ébullition pour se transformer en gaz. Ce passage de l'état liquide à l'état de gaz, de même que celui de l'état solide à l'état liquide, a lieu d'une manière brusque, et cette transition instantanée d'un de ces états à l'autre me semble aussi devoir être assimilé au passage de l'ellipse à la parabole, lorsque le plan coupant continuant à s'incliner sur l'axe du cône finit par lui devenir parallèle et détermine la trace d'une parabole et celles des hyperboles de divers ordres lorsqu'il continue son mouvement. Or l'on sait qu'un corps qui accomplit sa révolution autour d'un autre corps auquel il est lié par les lois de l'attraction, en parcourant une trajectoire ayant pour éléments une parabole ou une hyperbole, s'éloigne continuellement du centre attirant qui occupe le foyer de cette courbe, condition qui coïncide parfaitement avec le mode que j'ai considéré comme caractérisant essentiellement l'existence des gaz.

L'évaporation ou le passage des corps de l'état liquide et même directement de l'état solide à l'état gazeux, a lieu aussi comme on le sait à la surface de tous les corps et à toutes les températures, mais d'une manière insensible; en sorte que l'on peut considérer l'atmosphère comme tenant en dissolution une certaine quantité de tous les corps qui existent dans la nature.

Ce phénomène est produit évidemment par l'action immédiate qu'exercent les $\mu$ sur les $m$ ou parties constituantes des corps solides ou liquides qui se trouvent placées à la surface de ces corps, et qu'ils rencontrent les premières avant de s'engager dans leur intérieur. On voit, en effet, qu'en considérant comme je l'ai fait, la dimension des molécules répandues dans l'espace comme infiniment petite et leur densité comme infiniment grande, les actions individuelles qu'elles exercent les unes sur les autres, ou celles de leurs agrégations, doivent avoir atteint très-vite la limite à laquelle une plus grande quantité de molécules n'augmente que d'une manière insensible les actions qu'elles exercent les unes sur les autres. Une molécule $\mu$ engagée un peu avant dans un système de molécules $m$ dont l'ensemble constitue un corps organisé, n'éprouvera donc, de la part des molécules $m$, dont elle est environnée, que des actions opposées qui différeront infiniment peu l'une de l'autre : tandis que lorsque la molécule $\mu$ se trouve placée à l'extérieur du corps, rien ne vient contrebalancer la distension qu'elle exerce sur les $m$ qui se rencontrent les premières sur son passage, et c'est ce qui explique pourquoi l'évaporation, dans ce cas, a toujours lieu par les surfaces extérieures des corps. On sait aussi que l'accélération de vitesse des $\mu$ à mesure qu'ils pénètrent dans les systèmes des $m$, n'augmente pas avec la même rapidité que lorsqu'ils sont placés à l'extérieur de ces systèmes, comme nous le verrons plus loin.

Je n'oserais hasarder aucune conjecture sur la connexion qui peut exister entre la circonstance que je viens de signaler, du phénomène de l'évaporation lente des corps, et la nature des courbes que décrivent les molécules qui les composent, car pour passer du cercle, que j'ai considéré comme exprimant la nature du mouvement des liquides, à l'hyperbole qui me paraît caractériser celui des gaz, il faut de toute nécessité que la courbe parcoure toutes les périodes qui séparent le cercle de l'hyperbole, c'est-à-dire des ellipses dont l'excentricité varie de zéro à l'infini, ce qui m'amènerait à supposer que le mouvement des molécules se rapproche, dans la transition des liquides aux gaz, des caractères que j'ai attribués au mouvement des molécules qui constituent les corps solides ; mais il me semble que la discussion de cette question serait de nature à trop étendre les rapports qu'il est permis d'établir entre des calculs positifs et de pareilles conjectures.

La transformation subite des corps solides ou liquides en corps gazeux, peut être encore produite par suite d'actions opposées entre l'attraction, qui tend à concentrer de plus en plus les molécules matérielles au centre de gravité en diminuant le grand axe de leur orbite et augmentant leur vitesse, et la distension qui tend à écarter ces molécules les unes des autres. Comme il s'établit alors entre ces deux forces une action analogue à celle qui maintient les corps célestes à la distance respective où ils doivent rester les uns des autres, il s'ensuit que si l'une de ces forces vient à diminuer, l'autre, par cela même, deviendra de plus en plus prépondérante. Dans le phénomène de l'évaporation de l'eau, le nombre et la vitesse des $\mu$ qui traversent les systèmes des $m$ constituant la masse liquide, tend continuellement à augmenter jusqu'à ce que la température de l'eau soit assez élevée pour entrer en ébullition; comme, dans cet acte, la cohésion qui lie entre elles les molécules $m$ et constitue l'état de liquidité de l'eau ne varie pas, la distension allant toujours en augmentant finira par devenir prépondérante sur la cohésion, qui ne pourra plus la contrebalancer; toutes les molécules $m$ s'échapperont par la tangente avec la vitesse dont elles sont animées, et le corps se désorganisera en passant de l'état liquide à l'état de gaz.

On sait aussi qu'un certain degré de chaleur détermine l'inflammation des poudres détonantes, tout comme la percussion celle des poudres fulminantes; et que certains sels se décomposent violemment et produisent des explosions lorsque leurs combinaisons se trouvent atteintes par des rayons de lumière. Évidemment, dans ces sortes de cas et d'autres analogues, un premier degré de division capable de réunir partiellement les conditions nécessaires pour opérer la désorganisation des corps, soit par un commencement de combustion, soit par une division mécanique ou par l'action de la lumière, réduit la masse de chaque parcelle des corps à un degré de ténuité tel que l'attraction de l'ensemble des molécules qui composent cette parcelle est insuffisante pour faire équilibre à la distension. Cette dernière force alors, prenant le dessus, entraîne violemment la désorganisation de toutes les autres parcelles qui se dispersent en se répandant dans l'espace, affectant les formes les plus variées et souvent même produisant les impressions de la chaleur, de la lumière, de l'électricité ou tout autre effet soit connu soit inconnu qui peut avoir échappé jusqu'ici à nos observations.

J'ajouterai encore, à l'appui de l'opinion que j'ai émise sur le mouvement intestin qui anime les molécules des corps, le fait si extraordinaire et si inexpliqué dans toutes les théories, de l'explosion de la larme batavique lorsque, par la rupture de l'une de ses parties, on rompt l'équilibre qui existait entre les molécules de sa surface et celles qui constituent son organisation intérieure. En employant ici les mêmes raisonnements dont j'ai fait usage pour expliquer les autres faits analogues, on peut conjecturer que le refroidissement subit éprouvé par les molécules vitreuses qui se trouvaient à la surface de la larme batavique, par son immersion dans l'eau lorsqu'elle était encore à l'état liquide, leur a imprimé un mode particulier d'existence tel, que la vitesse et les éléments des courbes parcourues par ces molécules étaient de nature à satisfaire aux conditions nécessaires pour constituer un corps solide. Mais si cette transformation a été assez rapide pour que la surface ait eu le temps de se solidifier, pendant que les molécules intérieures, accomplissant leurs révolutions dans des orbes circulaires avec de grandes vitesses, se trouvaient encore dans les conditions de constituer un corps liquide, la croûte solide extérieure a dû maintenir les conditions qui déterminaient à l'intérieur l'état liquide. Il en résultait par conséquent un état d'équilibre instable, susceptible d'être détruit par le trouble le plus léger apporté dans les diverses conditions qui concouraient à le maintenir.

Dans cet état de choses, les molécules $\mu$ ne pouvant, en traversant la masse entière, agir sur les molécules intérieures pour faire varier leur état qu'après avoir d'abord exercé leur action sur les molécules extérieures trop fortement constituées pour qu'elles pussent les désorganiser dans des circonstances ordinaires, on comprend comment l'équilibre a pu subsister jusqu'au moment où les $\mu$, se trouvant directement en contact avec les molécules intérieures par l'effet d'un mouvement brusque occasionné par la rupture de la queue de la larme batavique, ont dû déterminer ces molécules à prendre la forme qui devait être la conséquence de leurs actions réciproques. Il est à remarquer qu'à cet état, les molécules matérielles dont l'ensemble constitue la larme batavique sont évidemment animées d'un excédant de vitesse que ne comporte pas l'état anormal dans lequel elles se trouvent, état qui se traduit par la sensation de chaleur éprouvée lorsqu'on fait éclater dans sa main une larme batavique. Et qu'on le remarque bien, ce n'est pas à l'état de vapeur que se résout la larme batavique dans son explosion, mais bien en parties solides constituant une poussière très-fine, qui est projetée de tous les côtés à une assez grande distance, simulant exactement l'éclat d'une bombe.

Toutes les molécules matérielles ou les agrégations qu'elles ont formées, en parcourant les espaces qui les séparaient du point où elles se trouvaient à l'origine de leur mouvement jusqu'au moment où on les considère, ayant conservé, comme dans notre système planétaire, la quantité de mouvement qu'elles ont acquise dans ce trajet, ont dû, en échangeant leurs positions respectives, exercer les unes sur les autres des actions qui ont fait varier leur état dynamique, et ont amené par suite des changements dans la quantité de mouvement dont elles étaient respectivement pourvues. Ces effets sont dus aux mêmes causes qui président aux mouvements d'une comète qui, traversant notre système solaire, éprouve de la part des astres, dans la sphère d'attraction sensible desquels elle se trouve momentanément, des perturbations qui changent sa vitesse et la font dévier de sa marche; tout comme elle troublerait le mouvement de ces corps d'une manière sensible à nos observations si sa masse devenait comparable à la leur.

On ne s'étonnera donc pas si cette quantité de mouvement éprouve des variations dans le mélange, le contact, les combinaisons ou les décompositions chimiques des corps entre eux; ces changements d'état se manifestent toujours alors par une production ou une soustraction de chaleur, un dégagement de lumière, d'électricité, ou par tout autre phénomène analogue connu ou inconnu.

Il en est de même lorsque le mouvement intestin devient apparent, en se communiquant à de grandes masses, comme il arrive à la vapeur tendue ou aux gaz comprimés, dans les machines où l'on emploie ces agents pour se procurer de la force mécanique. La perte de chaleur de ces corps gazeux ou de tout autre que l'on pourrait également employer pour changer le mouvement moléculaire intestin et invisible qu'on a communiqué, ou qui se trouve inhérent aux molécules du corps, représente le mouvement de translation ou de rotation visible et utilisable de ces mêmes molécules réunies entre elles et formant des corps constitués. Cette perte de force ou de mouvement du corps gazeux se manifeste alors toujours par un abaissement de température qu'il éprouve, équivalent à la force apparente produite, tout comme la compression d'un corps élève sa température, en transmettant à ses molécules le mouvement ou la force qui a été employée à cet acte.

La véritable température d'un corps doit donc être mesurée par la quantité de mouvement ou la vitesse des molécules qui le constituent. Cette quantité de mouvement est évidente et incontestable; elle se manifeste, dans certains cas tels que celui de la rupture de la queue d'une larme batavique, d'une manière qu'il est impossible de méconnaître ni de révoquer en doute, et il existe entre la quantité de mouvement dont sont animées les molécules intégrantes d'un corps et sa température, une corrélation qui constitue un phénomène lié à l'existence même de ce corps. La science actuelle admet cependant, sous le nom de capacité de calorique des corps, la faculté qu'ils possèdent de receler en eux-mêmes, suivant leur nature et les circonstances dans lesquelles ils se trouvent, de plus ou moins grandes quantités de chaleur; mais ces différences, ainsi que je l'ai mis au jour dans mon ouvrage sur l'*Influence des chemins de fer* que j'ai publié et fait imprimer en 1838 chez M. Bachelier, proviennent uniquement de la plus ou moins grande quantité de mouvement ou vitesse dont sont animées les molécules des corps, et la température de ces corps s'abaisse ou s'élève suivant qu'ils communiquent à d'autres corps ou reçoivent d'eux des quantités plus ou moins considérables de mouvement.

En appliquant aux calculs que j'ai établis les belles expériences de M. Regnault, de l'Institut, desquelles il résulte que la vapeur d'eau absorbe quatre dixièmes d'unité de chaleur pour que sa température s'élève d'un degré centigrade, on trouve que la quantité de chaleur nécessaire pour augmenter d'un degré la température d'un gramme d'eau suffit pour élever environ 400 grammes à la hauteur d'un mètre.

Ces idées sur l'identité de la chaleur et du mouvement, empreintes d'un caractère si évident de vérité qu'il est impossible à un esprit droit de les méconnaître ni de les nier, sont dues à mon oncle Montgolfier qui, dans l'année 1800, m'en confia le germe. J'ai depuis lors développé cette grande et belle idée dans mes divers écrits, notamment dans une lettre que j'adressai à ce sujet, en 1824, à Sir John Herschel, qui la fit imprimer dans la *Revue d'Édimbourg* publiée par Sir D. Brewster.

Un assez grand nombre de physiciens paraissent vouloir, depuis une vingtaine d'années, se rattacher à ces attrayantes théories, et former une nouvelle école que l'on peut déjà regarder comme destinée avant peu de temps à remplacer l'ancienne théorie de la chaleur, et par suite celles de la lumière, de l'électricité, du magnétisme, battues en brèche de toutes parts et évidemment insuffisantes aujourd'hui pour expliquer les phénomènes dont l'observation enrichit chaque jour la science. Toutefois, il est à regretter qu'au lieu de s'appliquer par des raisonnements basés sur l'expérience et l'observation exacte des faits, à démontrer la vérité du principe et la permanence de ses effets, choses qui sont encore loin d'être acceptées par la science comme des vérités, les auteurs de ces recherches se soient attachés à vouloir déterminer jusque dans leurs dernières limites l'étendue dans laquelle se passaient des phénomènes encore aussi peu connus, et aussi peu étudiés que ceux qui se rapportent à la détermination de l'équivalent mécanique de la chaleur, surtout si l'on considère combien l'on est éloigné de connaître et encore moins de savoir apprécier toutes les formes sous lesquelles la force peut se manifester, ce qui nous laisse à cet égard dans une ignorance et une incertitude qui rendent impossibles toute comparaison et toute appréciation exactes.

Je n'ai indiqué jusqu'ici que d'une manière générale comment je concevais que les corps constitués pouvaient être formés par la réunion de molécules presque infiniment denses, presque infiniment petites, sans rien dire de la manière dont je comprenais que pouvaient avoir lieu ces sortes de formations. Il est cependant nécessaire de faire disparaître le doute qui doit s'élever sur la possibilité de la formation de pareils assemblages constitués dans ces conditions, et qui peuvent former des corps, dont les diverses parties conservent toujours les mêmes positions respectives, de manière à nous présenter l'aspect et les propriétés par lesquels ils se manifestent à nous.

Mais, ainsi que je l'ai dit, deux forces opposées : d'une part l'attraction, de l'autre la distension qui en dérive et en est une des conséquences, se font toujours réciproquement équilibre, et maintiennent entre les molécules des corps des distances variables entre certaines limites : obéissant comme les corps célestes aux lois, conséquences aussi de l'attraction universelle, qui maintiennent ces corps dans leurs orbites respectives ; et comme l'attraction s'exerce en raison inverse du carré des distances, il faut, pour que l'action de la distension puisse faire équilibre à l'attraction entre certaines limites, que cette force s'exerce en suivant une loi différente ; or, j'ai démontré dans un grand Mémoire sur la cohésion, dont l'impression n'est pas encore terminée, que la distension s'exerce suivant une loi supérieure aux secondes puissances des distances, conditions qui permettent de déterminer en fonction des distances quelles sont les masses et les différences de vitesse entre les $\mu$ et les $m$, d'où résulte un état d'équilibre qui détermine les $m$ à conserver entre elles des positions fixes et stables.

Cela posé, supposons que sept molécules (*fig.* 6) $m^1$, $m^2$, $m^3$, $m^4$, $m^5$, $m^6$, $m^7$, se trouvent placées dans l'espace, et qu'elles y soient maintenues à distance les unes des autres par les forces opposées de l'attraction et de la distension, qui les tiennent réciproquement en équilibre dans les positions respectives qu'elles occupent. Si une nouvelle molécule $m'$, errant dans l'espace, vient à s'approcher du système et à entrer dans la sphère d'attraction sensible des molécules $m$, arrivée à une certaine limite de distance, la distension prendra le dessus sur l'attraction, et la molécule, sollicitée par ces deux forces, tendra à se placer de manière à obéir aux deux forces ou actions qui agissent sur elle en sens contraire, et à garder l'équilibre, eu égard au centre de gravité du système des $m$; en effet, on voit d'abord que la molécule $m_1$, sollicitée par les actions opposées de l'attraction et de la distension qu'exerce sur elle le système des $m$, doit prendre, eu égard à ces molécules, une position qui restera invariable tant que les conditions qui maintiennent cet équilibre subsisteront.

Pour le démontrer, supposons que la molécule $m_1$, errant dans l'espace, parvienne dans la sphère d'attraction sensible du système déjà constitué et formé par la réunion des 7 molécules $m$, à mesure qu'elle s'approchera de l'une d'elles, de $m^4$, par exemple, l'intensité de la distension, pour l'en écarter, augmentera plus rapidement que celle de l'attraction, pour l'en rapprocher, puisque cette dernière croît seulement en raison inverse du carré des distances, et que nous avons vu que la distension décroît dans un rapport plus grand que le carré de ces mêmes distances. Si nous admettons, pour un moment, que ce dernier rapport soit comme les troisièmes puissances ou les cubes, en supposant que la masse des deux molécules $m_1$ et $m^4$, ainsi que la distance qui les sépare, soient égales à l'unité, l'on aura en même temps pour l'expression de l'attraction et de la distension dans l'état d'équilibre,

$$\frac{1}{(1)^2} = \frac{1}{(1)^3} = 1.$$

Pour bien nous assurer que la molécule $m_1$ conservera cette position aussi longtemps que les masses, le nombre et les vitesses des $m$ et des $\mu$ ne varieront pas, supposons que la distance 1 devienne successivement 0,9 et 1,10, nous aurons dans le premier cas pour l'attraction $\frac{1}{(0,9)^2} = \frac{1}{0,81} = 1,23.$

et pour la distension $\frac{1}{(0,9)^3} = \frac{1}{0,729} = 1,37.$

La distension, dans cette position, sera plus grande que l'attraction, et par conséquent $m_1$, tendra à s'éloigner de $m^5$, pour revenir au point où cette distance était égale à l'unité. D'autre part, en supposant cette distance égale à 1,10, nous trouverons, en opérant comme ci-dessus, que l'attraction sera représentée par

$$\frac{1}{(1,10)^2} = \frac{1}{1,21} = 0,83$$

et la distension par $\frac{1}{(1,10)^3} = \frac{1}{1,33} = 0,75$ ;

l'attraction alors deviendra prépondérante sur la distension, et les deux molécules tendront à se rapprocher l'une de l'autre.

Ceci nous amène à reconnaître qu'une molécule $m_1$, qui parvient dans la sphère d'attraction d'un assemblage de sept autres molécules $m$ déjà agglomérées sous l'empire de la loi de l'attraction, vient aussi, par suite de ces mêmes lois, se réunir à ce noyau ; et qu'il résulte de ces additions successives les élements d'un corps constitué dont toutes les molécules se trouvent respectivement à des distances qui ne peuvent varier qu'entre certaines limites. Mais un corps qui se formerait sous l'empire de ces seules conditions ne présenterait jamais, dans sa contexture, les caractères de symétrie et de régularité que l'on remarque dans les cristaux qui constituent les éléments primitifs de tous les corps qui existent dans la nature, et en examinant attentivement l'action réciproque de l'ensemble des sept molécules $m$ sur la molécule $m_1$ et réciproquement, on trouve effectivement que cette dernière molécule $m_1$ tout en satisfaisant à la condition de toujours rester à une distance telle du centre de gravité du système formé par les sept molécules $m$, que l'attraction et la distension se fassent réciproquement équilibre; on trouve, dis-je, que cette molécule doit venir se placer et se maintenir invariablement dans la direction de la droite $m_1 m^1 m^4$, qui passe par ces trois molécules de telle manière que les distances $m^1 m_1$, $m^4 m_1$, soient toujours égales.

Pour se rendre compte des considérations qui amènent à ce résultat, il suffit de calculer l'attraction exercée par les trois molécules $m^1$, $m^4$, $m^6$ sur la molécule $m_1$, et, respectivement, dans toutes les positions où cette dernière peut se trouver, lorsqu'elle rencontre le système des sept molécules $m$ ou qu'elle est rencontrée par lui avec des vitesses respectivement très-faibles, et qu'elle parvient dans la région $m_1$ $m_2$ $m_3$, en s'éloignant très-peu de l'arc de cercle qui a pour centre $m'$, et dont tous les points sont caractérisés par cette condition que l'attraction et la distension exercées par une molécule qui se trouverait placée sur un point quelconque de cet arc de cercle sur les sept molécules $m$, et réciproquement, se font respectivement équilibre.

Admettons donc, pour un moment, que la molécule $m_1$, errant dans l'espace, vienne se placer en $m_1$ avec une vitesse infiniment petite dans la direction des trois molécules $m^2$, $m^1$, $m^3$ : il est évident que tout autre point de l'arc de cercle $m_0$, $m_1$, $m_2$, $m_3$, remplissant vis à vis d'elle la même condition, elle serait restée également dans toute autre position intermédiaire située sur l'arc $m_0$, $m_1$, $m_2$, $m_3$, si elle n'était soumise à aucune autre action. Mais la molécule $m_1$ en parcourant l'arc $m_0$, $m_1$, $m_2$, $m_3$ s'approche et s'éloigne alternativement de $m^1$, qui, plus rapprochée, exerce par cela même, sur cette même molécule $m_1$, une attraction qui dépasse individuellement celle de toutes les autres molécules appartenant au système des $m$.

Pour déterminer dans quelles limites s'exercent ces diverses actions, nous admettrons d'abord que la molécule $m_1$ se trouve placée, comme toutes les autres molécules formant le système des $m$, à une distance de $m^1$ égale à l'unité.

L'attraction de ces deux molécules sera alors exprimée par $\frac{1}{(2)^2} = 1$. Si nous supposons actuellement que $m_1$ fasse un mouvement dans la direction $m_2$ et vienne se placer en $m_2$ à une distance telle de $m_1$ que l'on ait en même temps $m^1 m_2 = 1{,}01$ $m_2 m_3 = 0.10$, l'attraction de $m_1$ sur $m^1$, dans cette dernière position, deviendra $\frac{1}{(1{,}01)^2} = \frac{1}{1{,}02} = 0{,}98$, et la molécule $m_2$ tendra, par conséquent, à se porter au point $m_1$, vers lequel elle est plus fortement atti ée, avec une intensité d'action représentée par $1{,}00 - 0{,}98 = 0.02$; mais, par contre, l'attraction de l'ensemble des deux molécules $m^1$ $m^2$ sur $m_2$ augmentera, car l'on sait que la somme des carrés de deux nombres, dont les premières puissances ajoutées ensemble équivalent à une quantité constante, est d'autant plus grande que la différence de ces nombres est plus petite. Or, en supposant la distance $m^1 m_1 = m^2 m_1 = 1{,}50$, l'on aura, pour la somme de l'attraction de $m^4$ et $m^6$ sur $m_1$ et réciproquement, $\frac{1}{(1,50)^2} + \frac{1}{(1,50)^2} = 0,444 + 0,444 = 0,888$, et pour celle de ces mêmes molécules sur $m_2$

$$\frac{1}{(1,55)^2} + \frac{1}{(1,50)^2} = 0,416 + 0,476 = 892.$$

La différence de ces deux quantités $0,892 - 0,888 = 0,004$ nous indique de combien la molécule $m_2$ sera plus attirée par les molécules $m^4$ $m^6$ en passant de la position $m_1$ à la position $m_2$. Cette quantité qui diminuera la tendance de $m_2$ à se porter sur $m_1$ devra être retranchée de 0,02, qui exprime l'excès d'attraction exercée par $m^4$ sur $m_1$ lorsqu'elle vient occuper la position $m_2$; mais il restera en faveur de l'attraction exercée par l'ensemble des trois molécules $m^4$, $m^5$, $m^6$ sur $m_1$, la différence entre ces deux actions positives et négatives soit $0,020 - 0,004 = 0,016$. *La molécule $m_1$ tendra donc, quel que soit le point de l'arc de cercle, $m^6$, $m^5$, $m^4$, $m^3$, où elle se trouve, à venir se placer en $m_1$ et à s'y maintenir dans une position fixe et stable.*

En me bornant uniquement à considérer l'action que des molécules matérielles, soumises aux seules lois de l'attraction, exercent les unes sur les autres, j'arrive donc à ce remarquable résultat : que toutes les molécules qui se trouveront dans la sphère d'attraction sensible d'un corps constitué viendront se réunir au premier noyau, ou agrégation de molécules, formé sous l'empire de ces mêmes lois. Ce premier élément formant le noyau d'un corps solide, liquide ou gazeux, est celui que je considère comme le type général du système cristallin ; il s'accroîtra par des adjonctions successives de molécules, qui viendront toujours se placer dans la direction des lignes droites qui forment les axes des systèmes de molécules organisées entre elles, de manière à former un corps ayant toutes les apparences des cristaux. Les corps ainsi constitués, aussitôt que leurs dimensions deviendront assez considérables pour être appréciables à nos sens, se présenteront donc à nous en affectant des formes qui partout laisseront apercevoir la cause générale ayant présidé à leur organisation. Ces premiers mouvements moléculaires, sous l'empire desquels se forment les atomes qui constituent les corps que nous désignons sous le nom de corps simples, restent cachés à nos yeux, couverts d'un voile impénétrable et inaccessibles à toutes nos observations; aussi nous trouvons-nous à leur égard réduits à faire des conjectures, qui ont d'autant plus de probabilité de s'approcher de la vérité que l'application des principes auxquels elles conduisent s'accordent mieux avec les faits observés. Or, lorsqu'on observe attentivement la marche générale de la nature dans le grand acte de l'organisation de la matière régie par la loi de l'attraction universelle, on voit partout les molécules matérielles qui, par leur réunion, donnent naissance aux éléments constitutifs de tous les corps, disposées en longues files affectant des lignes droites, circonscrivant de larges surfaces planes et se groupant toujours de manière à former des corps solides symétriques et réguliers.

Outre ces conditions générales qui président à la formation des cristaux, il est encore des circonstances particulières dans lesquelles la même loi se manifeste instantanément sur une grande échelle, sans parcourir toutes les phases qui séparent l'existence de la molécule isolée de celle du corps organisé. C'est ainsi que nous voyons des flocons de neige, des lames de glace se former dans les airs et à la surface de l'eau, affectant des formes étoilées dont les branches rayonnant du centre à la circonférence, ainsi que les appendices qui se trouvent implantés sur ces rayons, forment toujours entre elles des angles de soixante degrés. Il en est de même dans les formations soyeuses en houppes s'étendant dans toutes les directions sur les bords d'un vase contenant des dissolutions saturées de certains sels; et enfin dans ces cristallisations instantanées que l'on observe au microscope solaire, au moment où les dernières parcelles d'eau qui tenaient un sel en dissolution finissent de s'évaporer. Tous ces phénomènes, et une infinité d'autres dont la nomenclature serait trop longue à faire ici, indiquent jusqu'à l'évidence l'existence d'une loi générale dont l'application n'admet aucune exception.

Ce mode de formation des corps en réseaux par l'assemblage de files d'une longueur indéfinie indique, ainsi que je l'ai démontré dans mon Mémoire sur la cohésion, que la rareté des molécules matérielles disséminées dans l'espace est proportionnellement infiniment plus grande que celle des corps célestes, eu égard à l'étendue de l'univers dans lequel s'exécutent leurs mouvements.

Ces immenses distances auxquelles la distension maintient les molécules les unes des autres, relativement aux espaces qu'elles occupent, et l'impossibilité qu'elles éprouvent à se rapprocher, passé une certaine limite, nous montrent que le contact, le choc des corps, l'échange que ceux-ci font entre eux de tout ou partie du mouvement dont ils sont animés, sont des phénomènes soumis aux mêmes lois que ceux de la cohésion ; et que dans aucun de ces cas, les molécules ne parviennent à se toucher, pas plus que lorsque les corps qu'elles constituent se trouvent à l'état de repos. Ces molécules cependant exercent individuellement des actions tellement considérables les unes sur les autres, que l'attraction de deux d'entre elles, seulement à la distance où je les suppose espacées lorsqu'elles concourent à former des files dont l'ensemble constitue les corps solides, suffit pour faire participer à leurs actions un nombre d'autres molécules assez grand pour qu'il puisse en résulter des masses appréciables à nos sens et à nos observations.

On voit bien, en effet, que dans le contact ou le choc des corps solides, les molécules qui sont placées à la surface sont amenées plus près les unes des autres que ne le comporte le rapport qui doit exister entre l'attraction et la distension exercées entre ces molécules pour les maintenir en équilibre, et par suite conserver entre elles les distances respectives qui assurent la stabilité de ces corps. Mais dès qu'une cause étrangère vient à diminuer ces distances, la distension, prenant le dessus, finit par opposer une résistance invincible à un plus grand rapprochement de ces molécules ; et si la cause à laquelle est due ce rapprochement persiste et continue, comme il arrive dans le choc, le corps choqué se trouve écarté, éloigné du corps choquant, et il en résulte le phénomène que nous désignons sous le nom de communication de mouvement.

Comme toutes les molécules qui concourent à la formation d'un corps constitué se trouvent liées entre elles par les lois de l'attraction et de la distension, de la même manière que les corps célestes le sont entre eux par la force centripète et la force centrifuge, il arrive, lorsque la surface d'un corps est choquée, pressée ou tirée par un autre corps, que toutes les molécules qui constituent ce corps éprouvent dans leur état dynamique respectif un trouble plus ou moins grand. Si ces perturbations, dans les divers systèmes qui composent ce corps, sont restreintes entre certaines limites, les altérations qui en résultent dans sa constitution sont passagères, et les mouvements, ainsi que les rapports de distance entre les molécules qui constituent ce corps, reviennent rapidement à leur état primitif. C'est ce qui arrive aux corps élastiques lorsqu'une cause troublante a fait momentanément varier leur état dynamique intérieur : mais si le trouble a été tel que les rapports qui existaient entre l'attraction et la distension aient été rompus au point que cette dernière force soit devenue assez prépondérante pour que l'attraction perde toute son action sur elle, il y a alors séparation, rupture, écrasement ou tout autre phénomène, entraînant la désorganisation du corps, dont les diverses parties se séparent alors pour devenir étrangères les unes aux autres.

Ces phénomènes ne diffèrent en rien de ce qui aurait lieu sur une vaste échelle, si un corps céleste ayant une masse assimilable à celle du soleil, venait à traverser le système planétaire sur lequel s'étend l'action de cet astre : lui-même, avec toutes les planètes dont il est environné et sur lesquelles il exerce son empire, éprouverait alors des perturbations qui modifieraient le temps de la révolution, l'inclinaison sur l'écliptique, l'excentricité et la position de la ligne des absides de ces astres, suivant la masse, la vitesse et la position de chacun d'eux, eu égard à l'astre troublant. Une autre partie serait entraînée à la suite de cet astre et se réunirait à son cortége; et cet événement, qu'il serait difficile de démontrer n'être pas arrivé à des époques actuellement ensevelies dans la nuit des temps et des âges, et dont on ne peut préjuger l'impossibilité dans les siècles à venir, ne différerait des actions analogues qui se passent entre les molécules, que par la fréquence d'un acte qui, dans ce dernier cas, est l'application non discontinue d'une loi, tandis que l'autre cas ne peut être considéré que comme la possibilité d'un fait imaginaire qui serait une dépendance de cette même loi.

Toutes ces idées pourront sans doute paraître, au premier abord, entachées d'excentricité, et tellement en dehors du point de vue sous lequel on cultive aujourd'hui la science, qu'elles sembleront peu dignes de fixer l'attention. Mais je ne doute pas que la réflexion n'amène à voir que, tout invraisemblable que soit une opinion, la seule et véritable manière de l'apprécier est de la juger, et de s'assurer si dans son application elle s'accorde ou non avec les faits observés; je puis d'ailleurs m'étayer, à cet égard, de l'opinion du plus grand physicien qui honore notre époque, M. J.-B. Biot. Le 24 novembre 1854, il s'exprimait ainsi à l'Académie des sciences : « Les molécules « sont de petits corps distincts doués, comme les plus grosses « planètes, de la force attractive proportionnelle aux masses et « réciproque au carré des distances. »

Cette altération dans le système solaire, résultant d'un astre qui viendrait à le traverser et bouleverserait tous les rapports de position et de vitesse des divers corps qui le composent, se produit journellement sous nos yeux par l'effet de forces analogues, sans que nous songions à y prêter la moindre attention. C'est ainsi que du fer doux, soumis à des chocs répétés, comme il arrive au fer que l'on emploie pour ferrer les pieds des chevaux, chocs qui font varier les éléments du mouvement des molécules constituant la nature et l'éclat physique de ce métal, finit par changer d'aspect, et présente dans sa cassure des apparences de cristallisation qui n'ont plus aucun rapport avec ce qu'il était avant d'avoir été soumis à ces causes d'altération. Il en est de même des essieux de voitures, des barres ou des fils de fer qui, comme les ponts suspendus ou les presses hydrauliques, sont soumis à des alternatives dans lesquelles le métal est tantôt comprimé et tantôt assujetti à une extension qui dépasse les limites de ce qu'il peut supporter, sans que son organisation intime et moléculaire en soit altérée.

Toutes ces conjectures sur la manière probable suivant laquelle les corps ont pu et même dû se constituer entre certaines limites, ne doivent pas cependant être considérées comme trop hasardées : elles découlent des actions incontestables qui s'exercent entre les molécules matérielles créées par Dieu, et sont la conséquence de l'immuable loi de l'attraction par laquelle il a voulu que fût régie la matière. Il serait sans doute imprudent et sans utilité pour l'avancement de la science, de vouloir pénétrer plus avant, et surtout de faire intervenir le calcul pour déterminer entre quelles limites ont dû s'exercer et s'exercent encore ces diverses actions, et de chercher à en apprécier toutes les circonstances, comme on s'efforce imprudemment de le faire aujourd'hui, la plupart du temps sans but et sans fruit, pour atteindre une exactitude que ne comporte point la nature des recherches auxquelles on se livre lorsqu'il est question de phénomènes physiques analogues, encore aussi peu connus et aussi peu étudiés.

Comme les molécules matérielles similaires disséminées, à l'origine du temps, dans l'espace où s'est constitué notre système stellaire du soleil, se trouvaient probablement plus ou moins éloignées les unes des autres suivant les régions qu'elles occupaient, cette différence de densité dans l'espace a dû influer sur l'étendue et la nature des formations qui se constituaient dans ces diverses régions ; et il en est résulté plusieurs ordres d'agrégations qui ont dû exercer des actions différentes les unes sur les autres, et affecter nos sens de diverses manières. Peut-être est-il possible d'espérer que la science, aidée par les observations, permettra aux générations futures de pénétrer plus avant que nous ne pouvons le faire aujourd'hui, dans ces mystères actuellement impénétrables à nos yeux.

Il en est un surtout inaccessible jusqu'ici à toutes les investigations de la science, et sur lequel il paraît difficile de pouvoir se former une opinion, c'est celui de l'élection qui a lieu entre les agrégations similaires que nous désignons sous le nom de corps simples. On sait que ces agrégations, lorsqu'elles se trouvent en présence les unes des autres dans des conditions données, se réunissent entre elles pour former des cristaux homogènes, dans la composition desquels il n'entre qu'une seule et même espèce de corps simples; tandis qu'il arrive d'autres fois, par suite de causes qui nous sont inconnues, que deux ou plusieurs substances ou corps simples, de natures différentes, obéissant à des lois invariables, forment entre eux des combinaisons soumises également aux lois de la cristallisation et qui donnent naissance à tous les corps existants.

Mais la puissance de Dieu est si grande, les lois générales qu'il a établies pour la conservation et l'harmonie entre tous les êtres qu'il a créés sont si peu accessibles à la raison humaine, que les plus habiles n'oseraient affirmer qu'il n'est pas entré dans les desseins de la Providence d'étendre jusqu'à la matière inerte les premiers éléments de cette intelligence d'origine divine, dont il a voulu douer l'homme au suprême degré. On ne peut, en effet, en étudiant de près et voyant le jeu des affinités chimiques, celui des phénomènes lumineux, électriques, se défendre de l'idée qu'une espèce de volonté préside à ces affinités électives de molécules qui semblent se rechercher, se réunir, se séparer dans des circonstances données, semblables en cela à différents essaims d'abeilles échappés de leur ruche, dont les divers individus tantôt abandonnent la masse, et tantôt la rallient sans que jamais l'instinct fasse défaut à aucun d'eux pour retrouver la monarchie à l'existence de laquelle est dévouée son activité. Image vivante d'un corps constitué dont les molécules de la surface sont constamment distendues par le passage des $\mu$ à travers le système des $m$, qui se trouvent sur leur passage; tandis que d'autres $\mu$ ou d'autres molécules, dans des circonstances différentes, viennent se réunir à ces corps et constituer de nouveau ce qui avait été désorganisé d'abord.

Il serait sans doute aussi difficile qu'imprudent d'élever la prétention d'arriver à prévoir et à déterminer par le calcul, jusque dans leurs moindres détails et jusqu'à leurs dernières limites, les conditions dans lesquelles devraient se trouver des agrégations de molécules pour produire sur nos sens telle ou telle impression : il ne peut être permis, à cet égard, que de faire des conjectures qui ont besoin de la sanction de l'expérience pour savoir si elles devront être ou non adoptées par la science. Ainsi que je l'ai déjà exprimé sur la grave question de la nature de la lumière et de la chaleur, j'ai l'opinion que l'un et l'autre de ces phénomènes sont le produit d'agrégations de molécules matérielles qui, lorsque leur nombre est très-grand et leur vitesse faible, déterminent les effets de la chaleur, tandis qu'elles produisent la multitude de phénomènes lumineux si variés qu'une observation attentive fait découvrir lorsqu'elles sont en moins grande quantité et animées de vitesses considérables. Et cela par suite de l'analogie que l'on remarque entre ces deux effets : la lumière apparaissant toujours à la suite d'une augmentation sans cesse croissante de la chaleur; et la lumière, au contraire, n'accompagnant pas indispensablement la production de chaleur lorsque celle-ci n'a pas atteint une certaine limite. Aussi je ne pense nullement que l'on soit en droit de proclamer ou de nier l'existence d'un corps que l'on présume devoir produire sur nos yeux l'impression de la lumière ou toute autre, lorsque nous ignorons si son existence est de nature à se manifester à nous sous une forme quelconque. Dans ma manière de voir, j'assimile l'impression lumineuse à toute autre sensation, et je l'attribue à la quantité de mouvement communiquée à nos organes par des corps qui leur sont étrangers. Si, comme on le suppose, cette impression est le produit d'un ébranlement de la rétine, il peut arriver que des agrégations de molécules animées de divers mouvements impriment à cette partie de l'organe de la vue des vibrations dans un sens, tandis que d'autres assemblages produisent sur elle des effets analogues en sens contraire, et s'opposent à ce que l'organe destiné à cette fonction nous transmette le sentiment de la vision. La force transmise à cet organe peut alors se manifester par une production de chaleur, un dégagement d'électricité ou tout autre effet, sans que l'on puisse dire dans ce cas que les forces opposées dont on suppose l'éther animé, se détruisent réciproquement, résultat impossible, comme je l'ai démontré dans mon mémoire sur *l'Origine et la propagation de la force*, et que la nouvelle école de Montgolfier repousse et considère comme une erreur équivalente à celle de la possibilité du mouvement perpétuel.

En considérant quelles doivent être la nature et les propriétés des agglomérations de molécules matérielles détachées de la surface du soleil par l'effet de la distension que les autres molécules arrivant de l'espace exercent sur elles, nous arriverons à conjecturer que les corps constitués dans ces conditions forment divers ordres de grandeur dont la constitution a très-probablement une grande analogie avec celle des comètes, qui diffèrent entre eux par leur forme, leur densité, leurs propriétés chimiques, optiques, thermiques, électriques, la vitesse intestine dont sont animées les molécules qui les composent, soit par la quantité de mouvement qu'ils recèlent entre eux, toutes propriétés capables d'exercer sur nos sens ou sur les autres corps avec lesquels ils se trouvent en contact des impressions et actions de diverses natures. Tous ces corps étant détachés du soleil par une force constante et régulière, doivent satisfaire à des conditions d'équilibre dont le résultat est de les maintenir dans les positions respectives qu'ils occupent les uns eu égard aux autres.

En admettant que ces corps ainsi constitués atteignent les organes destinés à produire dans notre œil l'impression de la vision, on peut présumer que la sensation variera avec la nature des corps et les conditions qui déterminent leur mode d'existence et leur manière d'agir. Supposons que l'amplitude et la fréquence des oscillations que l'on suppose qu'il faut attribuer aux molécules de l'éther pour produire sur l'œil les diverses impressions que nous désignons sous les noms de rouge, de jaune, de blanc, aient quelque réalité; rien ne sera plus aisé que de calculer quelles doivent être la masse, la vitesse, les positions primitives des molécules composant les systèmes que l'on a considérés comme devant produire ces impressions, et par suite d'arriver aux mêmes nombres, aux mêmes amplitudes, aux mêmes formes d'oscillations, soit circulaires, soit elliptiques, que celles consacrées et acceptées par les physiciens pour donner l'explication des phénomènes de la vision. Aussi je ne m'arrêterai pas à entrer dans le détail de ces sortes de calculs dont on a prévu d'avance les résultats, et qu'il est toujours plus aisé d'effectuer que d'établir la stabilité des bases sur lesquelles ils sont fondés; je n'examinerai pas non plus toute autre combinaison basée sur l'attraction newtonienne, de quelque nature qu'elle puisse être, susceptible d'arriver aux mêmes résultats, parce qu'il me semble que les principes qu'il faudrait invoquer pour cela ne sont pas encore établis sur des bases assez solides ni assez sûres. Mais il n'en reste cependant pas moins acquis à la science qu'au lieu de considérer les effets lumineux comme produits par les vibrations de l'éther, on peut les regarder comme dus à des agrégations de molécules partant des foyers d'où émane la lumière, et qui, transportées dans l'espace jusqu'aux lieux où elles deviennent appréciables par les corps sur lesquels elles produisent leurs effets, exercent sur eux dans l'un comme dans l'autre cas des actions identiques. Tous ces phénomènes, assujettis à suivre les mêmes lois, pourront donc être appréciés, calculés et prévus par les mêmes moyens et en employant les mêmes formules.

Ce mode d'envisager les phénomènes aurait toujours au moins, sur le système des ondulations, l'avantage de simplifier singulièrement le mode d'envisager les phénomènes de la vision, comme me le faisait remarquer fort judicieusement M. de Humboldt dans une lettre qu'il m'adressait à ce sujet le 14 septembre 1853, tout en me remerciant du service que je rendais à la science, en l'affranchissant *du mythe de l'éther* pour y substituer quelque chose de plus probable, sinon de plus réel.

Nous admettrons donc l'existence d'agrégations matérielles, différant entre elles par des caractères analogues à ceux des diverses substances cristallines qui forment les éléments de tous les corps, mais dont les molécules sont infiniment plus éloignées les unes des autres et animées de vitesses plus ou moins grandes. Ces vitesses constituent pour chaque corps une certaine quantité de mouvement que le corps recèle en lui-même, mouvement qui peut devenir apparent, et qu'il peut communiquer à d'autres corps tout comme il peut en recevoir d'eux une certaine quantité, suivant les circonstances dans lesquelles il se trouve à leur égard. Si un corps ainsi constitué, émané d'un foyer lumineux, du soleil, par exemple, vient à traverser les humeurs de l'œil et les autres organes destinés à faire parvenir à notre âme le sentiment de la vision, il arrivera que les molécules matérielles composant ces organes, animées elles-mêmes de mouvements divers, éprouveront des perturbations dans leur marche; leur vitesse sera augmentée ou diminuée, et il naîtra de là une modification d'où résultera dans ces organes une impression de nature à transmettre à notre âme le sentiment de la vision. Cet effet peut être comparé, et même assimilé, à un système planétaire qui se serait formé, comme les comètes, dans les espaces les plus éloignés du soleil, et qui viendrait apporter le trouble dans les régions dominées par cet astre, en changeant et faisant varier tous les éléments des deux systèmes.

Tous ces corps traverseront l'espace dans tous les sens, assujettis aux mêmes lois que celles qui ont présidé à la formation des corps célestes. Constituées par des molécules similaires ayant même masse et même volume, se trouvant dans des conditions d'existence qui ne peuvent varier que par suite des faibles différences de distance qui les séparaient les unes des autres à l'origine de leur mouvement, les agrégations résultant de ces premières combinaisons de molécules seront nécessairement plus limitées que les formations d'un ordre plus élevé qui donnent naissance aux corps constitués. On peut donc admettre que chacune de ces agrégations produira sur l'œil une impression susceptible d'être appréciée et classée par cet organe, de manière à pouvoir être distinguée de toute autre sensation.

Admettons donc que trois de ces agrégations moléculaires, formées dans des circonstances différentes, que je désignerai par les lettres R, J, B, déterminent dans les organes de la vision les sensations du rouge, du jaune et du bleu, lorsqu'elles arrivent isolément à l'œil; et celle du blanc lorsqu'elles y parviennent mêlées et confondues.

Comme tous ces corps émanent de la même source dont ils sont détachés par suite d'une cause constante peu sujette à varier, ils resteront toujours séparés par des distances telles qu'ils n'exerceront que peu ou point d'action les uns sur les autres, et ils voyageront ensemble en conservant constamment les mêmes rapports de position, de masses et de vitesses.

Mais aussitôt que ces agrégations moléculaires s'approcheront d'autres systèmes analogues, en repos par rapport à eux, et pénétreront dans leur intérieur, il en résultera un trouble occasioné par suite des actions attractives que ces différents corps exerceront les uns sur les autres, trouble qui fera varier les rapports de distance des molécules composant les deux systèmes. Ces diverses actions détermineront ces molécules à se porter de préférence vers celles dont elles se trouveront le plus rapprochées, et à se grouper autour de leurs centres d'action respectifs, en exécutant des mouvements qui seront toujours fonctions de leurs masses, de leurs vitesses et des distances qui les séparent; comme il arrive dans les précipitations chimiques, dans les cas de réfraction, de diffraction et autres phénomènes analogues.

Sir John Herschel, à la page 352 du premier volume de son

*Traité sur la lumière*, traduit en français par M. Quételet, calcule que, pour expliquer les effets de la réfraction dans le système de l'émission, il faudrait attribuer aux molécules lumineuses un pouvoir attractif qui dépasserait de $2 \times 10^{44}$, celui de la matière ordinaire. Mais, dans mon Mémoire sur la cohésion, lorsque j'ai eu besoin d'attribuer aux molécules matérielles une densité suffisante pour satisfaire aux conditions que devaient remplir les corps pour rester constitués par l'effet de l'attraction qui unissait leurs molécules entre elles, j'ai été amené à des nombres tellement prodigieux qu'il m'a suffi de considérer seulement l'action de deux molécules faisant partie des agrégations ou systèmes qui se pénètrent réciproquement les uns les autres, pour arriver à des résultats dépassant non-seulement les limites posées par Herschel, mais encore toute autre qui pourrait être réclamée pour l'explication de phénomènes physiques qui exigeraient des actions aussi considérables qu'on pût les supposer.

Si donc un petit nombre de molécules de chaque système doivent suffire pour entraîner toute l'agrégation à laquelle elles appartiennent, ces déviations seront d'autant plus grandes que la masse des agrégations sera plus considérable, et comme tous les corps qui produisent ces actions sont assujettis à des lois de symétrie, et qu'ils présentent toujours et partout les mêmes dispositions moléculaires dans des circonstances identiques, il s'ensuit que les agglomérations R, J, B seront toujours réfractées ou réfléchies de la même quantité suivant les mêmes lois, tandis que, si leurs masses sont différentes, l'amplitude des courbes qu'elles décriront, et la quantité dont elles s'écarteront de l'axe principal de ces mêmes courbes, seront une fonction de la masse et de la vitesse de ces corps.

Ces considérations amèneront donc tout naturellement à s'expliquer pourquoi un faisceau de rayons lumineux, en traversant un corps diaphane, se divise en plusieurs autres faisceaux, qui diffèrent entre eux par des caractères parfaitement tranchés, et dont toutes les propriétés ont été définies avec la plus grande exactitude.

Les agrégations de molécules qui constituent les rayons lumineux, en partant directement du foyer d'où elles émanent, remplissent le rôle des $\mu$ eu égard aux $m$, ou molécules agrégées dont les combinaisons forment les corps susceptibles de réfléchir ou de réfracter la lumière. Mais, ainsi que je l'ai fait remarquer, ces $\mu$, en traversant les systèmes des $m$, les distendent en écartant leurs molécules, et perdent par conséquent une partie de la vitesse dont elles étaient pourvues. Il suit de là, et comme conséquence nécessaire de cet acte, que la vitesse de la lumière, en traversant un corps transparent, sera retardée dans sa marche, résultat qui se trouve en contradiction avec l'opinion émise par Newton dans sa théorie de la réfraction, mais qui cependant se trouve depuis quelques années confirmé par les belles expériences de M. Fizeau sur la vitesse de la lumière au travers des corps diaphanes.

Cette coïncidence et ces analogies dans les manifestations de la matière, lorsqu'elle se présente à nous à divers états et sous divers aspects soumise toujours et partout à l'attraction, cette vie élémentaire que Dieu a donnée à tout corps existant dans l'espace, accessible à l'intelligence humaine, toutes les fois que cette faculté attractive est mise en jeu, sont tellement frappantes, qu'il est impossible de se refuser à reconnaître que tous ces effets sont dus à une seule et même origine. J'ai répété un grand nombre de fois des expériences de diffraction, en recevant les rayons du soleil, soit directement, soit tamisés à travers des arbres placés à une grande distance de mon héliostat, et en introduisant dans la chambre obscure des filets lumineux plus ou moins étendus ; je recevais ensuite les apparences qui en résultaient soit sur un écran, soit sur un verre dépoli, ou sur l'objectif d'une lunette ajustée de manière à ce que l'oculaire pût faire apercevoir distinctement et nettement les moindres détails des phénomènes. Tous ceux qui sont familiarisés avec ces sortes d'expériences, savent qu'il faut renoncer à décrire en détail les apparences fantastiques, les dispositions de formes, de couleurs qui changent à chaque instant, surtout lorsque l'on place des corps différant sous le rapport de la forme, de la dimension, et à diverses distances du point d'où émane le rayon lumineux diffracté ou polarisé.

J'ai toujours remarqué dans ces expériences que les rayons lumineux paraissaient agir les uns sur les autres, se condenser sur certains points qui formaient des centres ou intervalles obscurs ou lumineux, et des séries de bandes entourant les objets éclairés par le filet isolé de la lumière, soit que la lumière apparût à son état et dans sa couleur naturels, soit que polarisée, elle apparût sous les aspects qu'elle présente lorsque les différents rayons dont elle est composée se trouvent divisés par un corps réfringent. Les apparences si diverses sous lesquelles se présentaient tous ces phénomènes me rappelaient ce qui se passe lorsque l'attraction agit sur des corps en dissolution dans des liquides ou dans des gaz, et les formes ainsi que les dispositions des agrégations matérielles qui se manifestent sous l'influence de cette force. J'y retrouve aussi une grande analogie avec l'aspect des nébuleuses quand on les observe avec de grands instruments, et qu'on les voit se résoudre en parties alternativement lumineuses et obscures : tous phénomènes nous indiquant que la même loi, créée par Dieu, préside, dans l'immensité qui n'est qu'une pour lui, aux plus grandes comme aux plus petites choses, aux plus immenses comme aux plus minimes événements. Il est aussi facile de s'expliquer les phénomènes de polarisation, de réflexion, et ceux si remarquables des anneaux colorés de Newton, que ceux de réfraction et de diffraction, en les envisageant sous le nouveau point de vue sous lequel je les présente. On voit en effet que les séries des cristaux, ou d'agrégations moléculaires qui se trouvent dans les conditions de produire ces divers phénomènes, doivent probablement avoir des dimensions qui rentrent dans les limites des moyens d'observation à l'aide desquels Newton et les physiciens qui l'ont suivi ont été amenés à hasarder des conjectures sur l'étendue des corpuscules produisant sur nos yeux le sentiment de la vision, et sur l'appréciation des divers phénomènes qui en sont la conséquence; et l'on peut admettre que les circonstances qui déterminent le rayon lumineux à être réfléchi ou réfracté sont des questions de limites et de masses relatives à la disposition des molécules qui constituent les corps, et à l'incidence des rayons lumineux, eu égard à la disposition des corps que ces rayons rencontrent sur leur passage.

Quelle que soit la grossièreté des moyens mécaniques dont nous faisons usage pour modifier la disposition des molécules qui constituent les corps, eu égard à la dimension de ces molécules et à l'intensité des forces qui établissent les relations de position qui existent entre elles, on peut croire, cependant, qu'il est des circonstances telles que le polissage, la compression, etc., dans lesquelles nous parvenons à établir entre les diverses agrégations qui composent les corps des rapports de masse et de position différentes de celles qui existaient auparavant, et qui atteignent la limite à laquelle elles peuvent modifier la marche et le mode d'existence des particules matérielles qui produisent sur nous la sensation de la lumière et de la chaleur.

Les agrégations de molécules qui produisent les impressions qu'en éprouvent nos sens, sont très-probablement formées dans des proportions de masses et d'arrangement toujours finies et déterminées, et qui sont la conséquence de la similitude parfaite des éléments dont elles sont composées. A cet état, ces agrégations doivent former d'autres combinaisons jouissant des mêmes propriétés : aussi, lorsque nos observations parviennent à atteindre les limites dans lesquelles sont restreintes ces diverses formations, nous voyons les phénomènes se reproduire successivement avec une régularité qui nous indique que partout et toujours nous retrouvons cet ordre, cette harmonie qui préside à tout ce qui émane directement de la puissance de Dieu.

Lorsqu'on fait pénétrer un rayon de lumière dans le polariscope d'Arago, on ne voit pas, en faisant tourner l'appareil, les rayons diversement colorés se superposer les uns sur les autres, mais passer subitement et brusquement d'une couleur à l'autre ; ce qui annonce que l'impression produite est l'effet de causes bien distinctes et complétement indépendantes les unes des autres.

Le phénomène de la succession des anneaux colorés semble aussi démontrer la subordination des séries de molécules produisant successivement des effets identiques ou analogues, à mesure que des agrégations de molécules déjà formées donnent à leur tour naissance à des corps plus compliqués, aussi formés en vertu des mêmes lois dans des circonstances analogues.

Chaque rayon R, J, B, et autres du prisme, sont donc formés par une série d'agrégations ayant une masse qui la distingue de toutes les autres, et dont l'ensemble constitue ces divers rayons. Chacun d'eux est doué de propriétés particulières ayant pour résultats de produire sur nos sens l'impression des effets optiques, thermiques, électriques, dynamiques, etc., qui sont dus à la dispersion de la lumière, lorsqu'elle traverse un corps réfringent dans les conditions propres à produire ces effets.

Mais ces diverses agrégations, par cela même qu'elles sont caractérisées par des différences bien tranchées éprouvent, en traversant d'autres corps dont les principes constituants ont des masses, des dimensions et des formes différentes, des perturbations relatives aux conditions d'existence de ces corps, en même temps qu'ils leur en font éprouver d'analogues à eux-mêmes. De là résultent les déviations sous différents angles qui distinguent chaque espèce de rayon, phénomène qui donne lieu à la dispersion. Dans cet acte les corps formés par les agrégations des différents ordres, éprouvant de la part des $\mu$ sur les $m$, et réciproquement, des actions qui vont toujours en augmentant, sont successivement réfractés, suivant l'ordre du prisme, sous des angles de plus en plus grands, jusqu'à épuisement de tous les rayons accessibles à nos observations : les plus petits angles répondent aux rayons qui sont le plus réfractés, tandis que les plus grands représentent ceux qui le sont le moins.

La lumière, après une première réflexion sous un angle déterminé, éprouve dans sa constitution physique une altération qui la dispose à être polarisée, quoique inappréciable à nos moyens d'observation. Mais il ne nous est pas encore possible, tant qu'elle reste à cet état, de constater par l'observation directe quelle est la différence qui la distingue de celle qui n'a pas éprouvé cette modification. Dans cette première division, les particules dont l'ensemble constitue la lumière blanche sont déviées dans le sens du plan d'incidence des rayons perpendiculaires à la surface du corps qui exerce cette action sur ces rayons ; cette modification n'a lieu évidemment que dans le sens perpendiculaire à la surface réfléchissante, et ne change la disposition des molécules que dans un seul des sens de la section perpendiculaire à la direction du faisceau des rayons lumineux. Mais comme la durée de cette action a été très-courte, parce que les molécules lumineuses sont restées trop peu de temps en contact ou engagées dans le corps réfléchissant, il n'a pu en résulter dans les angles qui mesurent la déviation de ces divers rayons que des différences trop faibles pour sortir des limites entre lesquelles l'impression qu'ils sont susceptibles de produire sur la rétine nous permettront de les apprécier ; en sorte que tous les rayons arrivant mêlés et confondus, le faisceau, quoique essentiellement modifié dans sa constitution, continuera à produire sur nos yeux comme auparavant l'impression de la lumière blanche.

Il est très-remarquable que l'angle dièdre du cubo-octaèdre que j'ai considéré comme l'élément primitif de tous les cristaux étant de 125° 18', le complément de cet angle 54° 42' s'éloigne peu de l'angle sous lequel la lumière est polarisée dans la réflexion. Si le rayon lumineux à cet état vient, par suite d'une cause quelconque, analogue dans ses effets à celle qui lui a fait éprouver cette modification, à recevoir une nouvelle modification qui tende à le dévier dans un sens perpendiculaire à la première direction qu'il avait reçue d'abord, ces différents rayons qui forment le spectre auront plus de disposition à s'isoler les uns des autres, par suite leur séparation deviendra plus tranchée, et donnera lieu à tous les phénomènes si variés de la diffraction de la lumière polarisée. Ces divers rayons pourront se condenser sur certains points en laissant d'autres parties de l'espace privées de lumière et produire les phénomènes des anneaux colorés, des lemniscastes, etc.

Et comme les agrégations de molécules de masses et de formes différentes, après s'être séparées suivant l'ordre du prisme, se représenteront sous des formes différentes ou analogues autant de fois que de nouvelles séries, formées par les combinaisons de celles qui les précèdent, viendront à leur tour se présenter déviées sous des angles toujours de plus en plus grands, on obtiendra une succession d'anneaux ou autres séries de phénomènes analogues ainsi que la multitude des combinaisons que présente, sous des aspects si divers, tout le cortége qui accompagne cette si intéressante partie de l'optique.

Il est d'ailleurs une autre modification produite par la distension, qui a pour résultat de retarder ou d'accélérer la marche des rayons lumineux, et qui exerce une grande influence sur tous ces phénomènes. J'ai montré, en effet, que la lumière, tout comme la chaleur produite par le passage des $\mu$ à travers les $m$, avait pour résultat de retarder le mouvement des $\mu$ tandis que les systèmes des $m$ étaient distendus ou dilatés ; il suit de là que lorsque les molécules lumineuses restent plus ou moins de temps engagées, soit à la surface du corps dans la réflexion, soit à leur intérieur en les pénétrant dans la réfraction, il en résulte des modifications dans la vitesse, et dans les autres circonstances du mouvement des molécules lumineuses qui donnent lieu à ces interruptions dans la coïncidence des bandes colorées que l'on remarque, lorsque quelques unes de ces bandes, en traversant une lame mince de mica, ont éprouvé une déviation qui a détruit les rapports de position qui existaient auparavant entre elles. Ces phénomènes et autres analogues, pour l'explication desquels on est obligé d'invoquer à grands frais, lorsqu'on les rapporte au système des ondulations, des déviations et des retards plus ou moins longs dans les mouvements du fluide éthéré, viennent se ranger comme on le voit tout naturellement dans un ordre d'idées qui découlent toutes d'une source commune dépendant de l'attraction universelle ; ils sont dus évidemment à la distension qui est elle-même cette force répulsive de la matière que l'on se plaît tant aujourd'hui à proclamer et à mettre en avant sans jamais se préoccuper de la définir pas plus que de chercher à en reconnaître l'origine là où j'ai indiqué qu'on pouvait la trouver.

En examinant de près les deux modes sous lesquels pouvaient se grouper les molécules pour constituer les éléments des cristaux de l'ordre le plus simple, je suis parvenu à définir deux systèmes de formations cristallines différant entièrement l'un de l'autre ; et cela par suite de la plus petite différence possible dans la position respective des molécules qui concourent à la réunion de ces éléments entre eux. Comme l'une et l'autre de ces agrégations ont pu se produire par l'effet des plus minimes circonstances, on peut croire qu'elles entrent, mêlées, confondues ou groupées entre elles, et formant des cristaux différents, par suite d'élections de formes et de masses qui seraient la conséquence de leurs conditions particulières d'existence, conditions qui nous sont complètement inconnues.

Si l'on considère attentivement les deux solides primitifs, composés chacun de treize molécules que je regarde comme devant former le premier élément ou noyau de tout cristal qui sert de base à un corps organisé, on s'aperçoit bien vite, et cela d'après la disposition de leurs faces, que ni l'un ni l'autre de ces polyèdres ne se prête à pouvoir être superposé à d'autres solides pareils, de manière à ce que toutes les molécules qui les composent coïncident ensemble et satisfassent à la condition de remplir exactement l'espace qui les contient, en conservant toujours entre elles les mêmes distances. Si l'on envisage en effet treize éléments pareils composés chacun de treize molécules considérées à leur tour à cet état, comme remplissant le rôle d'une seule molécule, on trouvera qu'il peut bien s'établir entre les treize systèmes dont sont composées ces combinaisons du second ordre, des rapports de position analogues à ceux qui lient entre elles les treize molécules du premier système ; mais ces rapports ne deviendront jamais de nature à établir entre les molécules simples des treize systèmes primitifs aucunes dépendances mutuelles pareilles à celles qui lient entre elles les treize molécules qui composent chacun des premiers systèmes en particulier ; et il ne pourra jamais exister, entre les cent soixante-neuf molécules dont l'ensemble constitue le second système, cette régularité de positions et de distances qui caractérise essentiellement le premier assemblage formé par la réunion des treize molécules simples.

Rien cependant ne s'opposera à ce que ce premier noyau formé de treize molécules ne puisse s'accroître d'une manière indéfinie par la superposition de nouvelles molécules. Ces adjonctions continueront jusqu'à ce que ces files de molécules isolées divergeant entre elles sous des angles de soixante degrés, aient atteint une étendue suffisante pour que l'influence des molécules qui se sont accumulées par suite de la même cause sur les autres rayons, soit devenue insensible et incapable d'exercer aucune action sur elles.

A cette époque, et lorsque toute influence étrangère de la part des autres molécules pourra être considérée comme éteinte, chacune des molécules formant l'extrémité des rayons pourra devenir à son tour le point central d'un nouveau système et former, comme on le voit, figure 7, le centre d'un nouveau noyau qui entrera comme partie intégrante d'un corps commençant à se constituer.

Ainsi que je l'ai indiqué, ces divers réseaux ou assemblages primitifs s'accroîtront dans le sens des six rayons qui constituent ces assemblages, mais avec toutes les modifications dues aux circonstances particulières qui auront présidé à ces formations. Le mode sous lequel se seront assemblées les treize premières molécules, de manière à former soit le cubo-octaèdre régulier, soit le même solide irrégulièrement constitué comme je l'ai déjà indiqué, les mouvements des molécules qui concourent à la formation de ces divers corps, combinés aux mouvements des $\mu$ qui traversent leurs systèmes, et d'autres causes aussi auront pu faire varier la forme de ces corps, la vitesse des molécules qui les composent, la nature des courbes que décrivent ces molécules et leur état dynamique; soit que les molécules qui composent ces divers systèmes aient conservé leur mouvement, ou qu'après l'avoir transmis à d'autres molécules, elles se trouvent dans un état relatif de repos, eu égard les unes aux autres, quoique animées d'immenses vitesses. A ces différents états, elles donneront naissance aux diverses agrégations constituant les rayons lumineux et calorifiques, et aux courants électriques, magnétiques, aux cristaux simples ainsi qu'à ceux à plusieurs axes, aux corps gazeux, liquides, solides, etc. A l'état de lumière, ces agrégations éprouveront et feront éprouver aux corps qu'elles traverseront, des perturbations qui auront pour résultat de dévier ces rayons, tantôt dans un sens et tantôt dans un autre, suivant que l'attraction ou la distension qui exerce continuellement son action sur les molécules des corps qui se trouvent en présence les uns des autres, deviendra prépondérante.

Il est impossible de méconnaître cette action attractive exercée par tous les corps sur la lumière, et réciproquement, surtout après avoir étudié en détail les circonstances de ces phénomènes dans le grand ouvrage de physique publié en 1810 par M. Biot. C'est évidemment à cette action qu'est due la couronne du soleil que l'on observe dans les éclipses totales de cet astre par la lune ; et il n'est pas impossible que les appendices roses appartiennent à une cause due à la même origine.

Dans tous les cas où le rayon lumineux rase un corps solide, on remarque dans la direction de ce rayon une déviation sur une grande étendue. Si l'on intercepte la vue d'un objet très-éclairé, (fig. 8), un carreau de vitre, par exemple, en faisant avancer doucement un corps opaque *a b* placé à une petite distance de l'œil, de manière à commencer par un des angles *c* du carreau, on voit, à mesure que ce corps anticipe sur la glace de la croisée, le sommet de cet angle s'aplatir, s'arrondir, devenir obtus, et chacun des angles formés ensuite par le corps et les côtés droits du carreau de vitre présenter successivement les mêmes aspects.

En faisant coïncider une arête ou un objet mince et bien droit, *a b*, fig. 9, fortement éclairé par derrière, avec un autre objet *cd*, également droit, placé près de l'œil, mais faisant, avec le direction du premier, un très-petit angle, et les observant attentivement tous les deux, on voit les arêtes de celui *a b*, qui est le plus éloigné, se dévier de la ligne droite ; l'angle interne devient plus aigu, l'externe plus obtus, et les deux parties voisines du point intercepté ne se trouvent plus dès lors dans la même direction.

J'ai aussi renouvelé un grand nombre de fois une observation dont le hasard avait fait naître l'occasion pour moi et que voici :

Couché sur mon lit, je faisais coïncider l'ornement tourné, effilé et doré A, fig. 10, qui termine ordinairement les supports horizontaux destinés à soutenir les rideaux, avec la moulure horizontale du cadre doré d'une gravure placée à quelques mètres en arrière. A mesure que j'avançais la tête pour faire pénétrer l'ornement dans les moulures du cadre, je remarquais que les deux objets paraissaient se fuir réciproquement B; il s'établissait une déflection dans les moulures du cadre, et l'extrémité de l'ornement paraissait s'affaisser et diminuer de longueur; mais passé une certaine limite, C, l'intervalle qui séparait ces deux objets, et au travers duquel on voyait encore la lumière, disparaissait sur-le-champ, les deux corps se précipitaient l'un sur l'autre; l'ornement paraissait alors allongé, et les moulures du cadre semblaient venir vers lui et s'y réunir par des courbes qui adoucissaient les angles que la perspective indiquait comme leurs points de jonction.

Ces divers effets m'ont toujours paru bien plus tranchés, lorsque la lumière passait près des surfaces formées par des substances métalliques très-denses comme l'or. Aussi je ne serais pas étonné qu'une plus grande accumulation de molécules matérielles vers les points qui sont rasés par les rayons lumineux, n'exerçât une grande influence pour augmenter l'intensité du phénomène.

Tous ces effets sont évidemment dus à l'attraction et à la distension ; les molécules lumineuses, en passant à l'appulse des corps constitués sont, suivant leurs masses et leurs vitesses, distendues ou attirées : dans le premier cas les rayons lumineux s'éloignent de l'obstacle, et ils s'en rapprochent dans l'autre ; il est donc inutile d'aller chercher une autre cause que l'attraction pour expliquer la répulsion des corps entre eux. C'est à cette force évidemment qu'est due la queue des comètes : la grande rareté de ces astres, qui nous est revélée par leur immense volume et leur masse inappréciable à nos observations, doit se prêter à ce que ce phénomène ait lieu sur une grande échelle ; mais comme il ne peut se manifester que dans le cas où certaines circonstances de maxima ou de minima, de masses et de vitesses se trouvent réunies, son maximum d'intensité se produit tantôt dans les régions de la comète avoisinant le soleil, et tantôt dans les régions qui lui sont opposées, en se combinant avec le mouvement propre de ces astres et celui des parties distendues, la création d'une force répulsive destinée à donner l'explication de ces phénomènes peut donc être rangée, comme celle de l'éther, au nombre de celles dont rien ne saurait justifier l'existence pas plus que la nécessité.

Il est encore une foule d'autres phénomènes qui peuvent être expliqués avec la même facilité que les précédents, en considérant les actions de diverses natures qu'exerce la distension sur les molécules des corps, lorsqu'elles se trouvent en présence les unes des autres. Et je prendrai encore, pour dernier exemple, les cas dans lesquels un degré excessif de chaleur cesse de produire sur les corps soumis à son action les effets qu'elle exerce sur eux lorsqu'elle agit avec un bien moindre degré d'intensité.

J'ai expliqué en effet que la distension était fonction de la masse et de la vitesse des corps qui l'exerçaient et de celle des corps sur lesquels elle était exercée ; et l'on voit bien que, puisque ce phénomène est produit par la différence du temps, que les molécules en mouvement ou les $\mu$ restent en dehors du système des $m$ ou molécules en repos, lorsque la vitesse des $\mu$ devient très grande, ces différences tendent à diminuer. C'est ainsi que, dans l'expérience de M. Boutigny, j'explique l'absence d'évaporation des globules d'eau au milieu d'une capsule de platine poussée au rouge-blanc, et que je me rends compte de l'innocuité avec laquelle on plonge la main dans de la fonte de fer liquide et incandescente sans éprouver les effets de cette chaleur intense ; il se produit aussi un phénomène analogue lorsqu'un homme couvert de sueur résiste à l'ardeur d'une fournaise au sein de laquelle il se trouve placé ; il en est encore de même d'une masse de verre incandescente, que l'on pétrit avec les mains au fond d'un vase d'eau. Dans ces sortes de cas et autres analogues, la distension a lieu sur les surfaces d'abord, et ce n'est qu'après avoir distendu, séparé, évaporé, désorganisé, dispersé ces parties exposées les premières à son action, qu'elle agit successivement sur celles qui viennent ensuite se présenter dans les mêmes circonstances ; comme il arrive dans le phénomène de la vaporisation des corps liquides et solides, puisqu'il n'en est aucun qui puisse se soustraire à cette loi générale.

Telles sont, Monsieur, les idées que je me suis faites sur la manière dont il est possible d'envisager les causes qui président à la formation des phénomènes lumineux, et je les considère comme plus simples et plus rationnelles que celles invoquées jusqu'ici pour arriver au même but. L'application de ces idées a au moins l'avantage de pouvoir être étendue à l'explication des phénomènes naturels jusque dans les plus petits détails où il soit possible à l'homme de percevoir le sentiment de la matière, et d'être basée sur la manifestation de la loi de l'attraction newtonienne, à laquelle il n'a pas été possible jusqu'ici de constater ni même de signaler aucune exception. Ce sont les premiers aperçus que m'a transmis mon oncle Montgolfier sur l'impossibilité de l'annihilation de la force, et sur l'identité du calorique et du mouvement, qui m'ont mis sur la voie et m'ont donné l'idée de me livrer à ces recherches : elles sont le résultat des méditations et des réflexions de toute ma vie, c'est pourquoi j'en accepte à ce titre toute la responsabilité.

En admettant que les corps soient constitués dans les conditions que je décris, ou dans toutes autres analogues, je n'ai pour prétention que de présenter une idée étayée de bases plus ou moins probables, et qui me semblent de nature à mettre plus tard les physiciens sur la voie de la vérité, lorsqu'ils auront observé plus attentivement les phénomènes naturels, et dirigé leurs recherches en suivant la voie ouverte par mes travaux sur cet important sujet. A mesure que j'ai élaboré, mûri et développé ces idées, souvent avec l'aide de physiciens éclairés, contemporains, comme moi, de Montgolfier, nous nous sommes confirmés de plus en plus dans la pensée que le rayon de lumière lancé dans l'espace par le génie de cet homme célèbre était bien réellement une conquête de la vérité sur l'erreur, et l'expression d'idées saines et justes contre lesquelles les théories actuelles finiraient tôt ou tard par succomber.

Aussi, je ne saurais assez exprimer toute la satisfaction que j'ai éprouvée de voir le célèbre Herschel, cet esprit si éminemment droit et judicieux, en parlant, dans la dernière édition qu'il vient de publier de son *Astronomie populaire*, des diverses opinions émises par les auteurs qui se sont occupés récemment de rechercher les causes de la production de lumière du soleil, de voir, dis-je, cet éminent astronome classer au premier rang, parmi celles qu'il considère comme les plus probables, l'opinion que j'ai émise sur la génération de la lumière de cet astre.

Il est bien évident, en effet, que toutes les questions relatives à la nature, aux causes et aux effets de l'émanation de la lumière du soleil, à la manière dont est transmise dans l'espace cette lumière, à son mode de distribution, aux sources qui l'alimentent, l'empêchent de s'épuiser et réparent les pertes continuelles qui résultent de la dispersion incessante dans l'espace de sa propre substance, sont résolues dans ma nouvelle théorie avec une clarté qui permet de surmonter avec la plus grande facilité une multitude de difficultés que n'avaient jamais osé aborder aucune des autres théories qui ont précédé la mienne.

Herschel, il est vrai, dans la citation qu'il a faite de mes opinions sur la manière dont j'envisage l'explication de tous ces phénomènes, ajoute que l'exposé de ma théorie est d'une compréhension difficile, et qu'il est plus difficile encore de se décider à adopter mes idées une fois qu'on les a comprises. Ce jugement, qui ne me semble pas trop sévère, me paraît prendre sa source dans le peu de soin que j'ai mis jusqu'ici à bien m'expliquer, de manière à être facilement compris par ceux qui se désideraient à lire ce que j'ai publié, et à consacrer un temps, ordinairement d'un grand prix pour eux, à l'étude de questions présentées sous un aspect si nouveau et qui leur est entièrement étranger. J'ai bien reconnu que mes mémoires lus à l'Institut sur la cohésion moléculaire, et l'ouvrage que j'ai commencé à faire imprimer sur ce sujet chez M. Bachelier, étaient trop arides, et demandaient de la part du lecteur une contention d'esprit que je ne pouvais raisonnablement pas espérer de sa condescendance. C'est pourquoi j'ai ajourné l'impression de ce travail; mais je conserve l'espoir que la manière plus simple avec laquelle j'expose ici mes idées sur cette matière pourra décider le lecteur à me prêter l'attention nécessaire pour parvenir à leur intelligence. Je suis persuadé qu'une fois arrivé à les comprendre, la persuasion de leur vérité en découlera tout naturellement; car elles se trouvent liées les unes aux autres, de manière à former un ensemble qui enchaîne les faits, les rapporte à une même origine et donne à toute cette grande synthèse le caractère qui distingue de prime-abord la vérité de l'erreur.

Une fois qu'il a été bien compris et admis que toujours la matière obéit partout de la même manière et quels que soient son état et les circonstances où elle se trouve, à la loi générale de l'attraction, il découle de ce principe incontestable des conséquences auxquelles il est impossible pour tout homme réfléchi de se soustraire; surtout en considérant la facilité avec laquelle on peut, en suivant cette marche, se rendre compte de faits dont l'explication n'est pas même abordable dans toute autre manière d'envisager la cause des phénomènes dont l'observation enrichit chaque jour la science.

On sait qu'il existe de grandes comme de petites planètes : l'observation, depuis quelques années, a fait déjà découvrir aux astronomes plus de soixante petits astres entre Mars et Jupiter; les aérolithes sont aussi évidemment des petits corps dont l'existence se manifeste à nous, lorsqu'une circonstance favorable nous permet d'observer les fréquentes rencontres de ces astres avec la terre. Mais il n'est pas douteux que ces corps n'existent également dans tout l'espace qui environne le soleil en aussi grande abondance que dans la partie comprise dans l'orbite que parcourt la terre dans sa révolution autour du soleil. Il en est de même des étoiles filantes, qui indiquent l'existence de corps formés par des substances gazeuses répandues dans l'espace avec une plus grande profusion. Les comètes enfin, par leur masse presque infiniment petite, eu égard à leur volume, viennent ensuite, et nous donnent la perception de l'existence de la matière à un état tellement diffus, tellement rare, qu'il n'y a de là qu'un pas à faire pour admettre que, comme les anneaux de Saturne, la lumière zodiacale et l'anneau magnétique, sont aussi composés de molécules matérielles, obéissant aussi aux lois de Kepler, puisque le mouvement des corps que l'observation directe nous a fait reconnaître comme soumis à ces lois, est entièrement indépendant de leur masse.

Mais puisque les corps terrestres exercent sur leurs propres molécules des actions qui permettent à ces molécules de rester unies entre elles en présence de l'attraction de la terre qui tend à les attirer à elles, ce qui détermine le phénomène de la cohésion, pourquoi ces mêmes corps n'exerceraient-ils pas aussi, en obéissant aux mêmes lois, des attractions à distance analogues sur les molécules matérielles isolées ou réunies entre elles qui se trouvent dans leur sphère d'attraction sensible, de manière à constituer aussi des systèmes semblables à ceux que je viens de signaler?

Dans mon ouvrage sur la cohésion, résumé des divers Mémoires que j'ai lus à l'Institut depuis 1848, j'ai fait voir qu'en attribuant aux molécules matérielles une densité énorme, inaccessible à l'intelligence de toute science humaine, et que j'ai dû, pour en donner une idée, exprimer par la double exponentielle $10^{34^{44}}$, comparée à celle de la terre prise pour unité, j'ai montré que, dans cet état, les molécules matérielles étaient susceptibles de satisfaire aux conditions nécessaires à la formation des corps constitués, tels que nous les observons à la surface de la terre. Mais ces molécules ainsi définies, par la raison qu'elles exercent à leur contact de si énormes attractions, peuvent, et doivent certainement produire des effets analogues sur des molécules semblables, qui se trouvent à des distances telles que ces attractions soient suffisantes encore pour les retenir autour d'elles, comme le soleil maintient les planètes dans sa sphère d'attraction; comme les planètes retiennent leurs satellites; etc.

Quelles sont donc les objections que l'on pourrait élever contre le mode sous lequel j'ai proposé de considérer l'électricité comme produite par de très-petites planètes accomplissant leurs révolutions autour des corps? En passant alternativement dans la sphère d'attraction sensible des molécules dont ces corps sont composés, elles y éprouvent des perturbations qui les dévient de la tendance qu'elles auraient à se séparer d'eux en s'en éloignant par la tangente, et leur forment les atmosphères qui les environnent de toutes parts, et auxquelles on a donné le nom d'électricité.

Ces molécules, quoique en mouvement, ne sont pas moins susceptibles d'agir les unes sur les autres, de s'attirer, d'éprouver les effets de la distension; et il est probable même que tous ces phénomènes se passent sur une grande échelle relativement à la petitesse des molécules, puisque, dans la décomposition des substances immergées dans les liquides, on voit distinctement au microscope solaire leurs parties se désorganiser et être transportées en nature ou par les courants électriques qu'on fait passer à travers les liquides dans lesquels ces substances sont dissoutes. Il en est de même des pointes formées de métaux de diverses natures à l'aide desquelles on transmet l'électricité à distance, et l'on sait que dans le cas où ces pointes sont vis-à-vis l'une de l'autre, les métaux font échange de position sans altération et sont divisés à un degré de ténuité telle, que distendus et entraînés dans l'espace par les $\mu$ ou molécules en mouvement, ils produisent sur nos yeux l'impression de la plus vive lumière. On sait enfin, lorsque tous ces phénomènes ont lieu dans de vastes proportions, comme il arrive dans les cas de foudre, où d'énormes quantités d'électricité sont mises en jeu, quels sont les effets prodigieux qui en résultent : des corps d'un poids considérable et de grandes masses sont alors désorganisés, transportés à de grandes distances, fondus, volatilisés. On ne peut voir évidemment, dans tous ces phénomènes, que des effluves considérables de molécules matérielles unies entre elles par les actions attractives qu'elles exercent les unes sur les autres, se réunissant en masses animées d'immenses vitesses, qui en s'échappant dans toutes les directions et en abandonnant les corps auxquels leur existence était d'abord liée, viennent par le chemin le plus court porter le trouble et la désorganisation, et par suite détruire les corps qui se trouvent sur leur passage.

Il arrive aussi que comme ces mêmes molécules agissent les unes sur les autres, en conservant la vitesse dont elles sont animées, et qui alors se traduit en un mouvement de rotation circulaire accompli par ces molécules autour de leur centre de gravité commun, la foudre apparait sous l'aspect auquel on a donné le nom de tonnerre en boule. La vitesse de translation est alors peu considérable, quelquefois même nulle ; mais aussitôt que quelque circonstance relative à la masse, à la vitesse, ou à une attraction étrangère, vient à troubler cet équilibre instable, le corps se désorganise avec violence, ses diverses parties s'échappent dans la direction des tangentes qui leur sont indiquées par les circonstances particulières relatives à leur constitution et aux causes qui ont présidé à leur désorganisation, et viennent porter le trouble et produire les effets de la foudre dans les lieux où elles se dirigent.

Évidemment tous ces effets ne peuvent être produits que par des corps eux-mêmes matériels, et il est impossible à tout homme réfléchi de les attribuer à de simples oscillations d'un fluide immatériel, évidemment imaginé exprès pour expliquer des faits qui se trouvent en complète contradiction avec la nature des propriétés qu'on attribue gratuitement à ce fluide.

Il paraît difficile à tout physicien qui n'apporte pas à l'examen des phénomènes électriques, tels qu'ils se présentent aujourd'hui à nos observations, des idées préconçues auxquelles il s'est fait une loi de rester attaché, de nier qu'il existe autour des corps des atmosphères qui les accompagnent et exercent comme les corps eux-mêmes, réciproquement les unes sur les autres, des actions qui sont propres à la nature de ces atmosphères. Ces actions sont d'une nature et d'une origine identiques aux effets produits par les affinités chimiques, dans lesquelles les éléments des corps, par l'effet de circonstances particulières dans lesquelles ils se trouvent, s'unissent ou se séparent en obéissant aux mêmes lois.

Sans doute le raisonnement indique qu'en considérant les corps dans leur ensemble, tels qu'ils se présentent à nos observations à la surface de la terre, il n'est pas possible que la masse de ces corps, considérée comme concentrée à leur centre de gravité, puisse exercer sur des molécules matérielles placées à leur surface, mais non unies à eux par la cohésion, des actions attractives assez puissantes pour déterminer ces molécules à rester unies à ces corps, et à accomplir leurs révolutions autour d'eux dans des courbes de divers ordres, en suivant les lois de Kepler.

Mais on ne risquera pas de s'engager dans une fausse voie quand, par des calculs inattaquables tels que ceux que j'ai établis dans mon Mémoire sur la cohésion, on aura démontré que si, au lieu de considérer dans son ensemble la masse du corps attirant, on parvient, en envisageant individuellement les actions isolées des molécules dont il est formé, à prouver clairement que l'action de ces molécules suffit pour exercer dans les limites les plus étendues, les effets énergiques dont je les suppose capables lorsqu'elles agissent dans ces conditions.

En considérant donc comme admis et accepté qu'il existe autour de tous les corps des atmosphères formées de la même matière que celle dont les corps sont eux-mêmes constitués, n'en différant que par un mode d'existence particulier, et en conservant toutes les propriétés, on restera dans les limites du possible et du rationnel, conditions dans lesquelles ne se trouvent pas, il faut bien l'avouer, toutes les théories sur l'électricité que je propose de remplacer par les nouvelles idées que j'émets.

Cela posé et ce principe admis, lorsqu'une circonstance particulière, comme le frottement, un grand mouvement communiqué aux molécules qui constituent un corps, ou d'autres causes, ont déterminé un nombre considérable de molécules provenant soit de la désorganisation partielle des corps eux-mêmes, soit de toute autre source, à former des atmosphères passagères autour de ces corps, ces atmosphères commencent d'abord, en se pénétrant réciproquement, par exercer des actions attractives les unes sur les autres, dont les résultats sont de faire éprouver aux corps une tendance à se réunir et qui les fait arriver rapidement au contact. Mais aussitôt que réunis entre eux, leur ensemble peut être considéré comme une seule masse dont le centre de gravité est le point autour duquel s'établit le mouvement circulaire des molécules, les deux atmosphères se réunissent en une seule, et la distension, qui n'avait aucune action sur le corps, lorsque la cohésion agissait pour tenir unies entre elles les molécules qui le constituent, tend à séparer ces deux corps, en même temps que sont séparées les molécules qui constituaient leur atmosphère commune. A cet état, l'atmosphère de molécules relative à chacun d'eux se reconstitue de nouveau, et ces alternatives se renouvellent aussi longtemps que les atmosphères persistent, ou, en d'autres termes, que le corps reste électrisé. Il est d'autres cas dans lesquels, par suite de causes qui nous sont encore inconnues, ces atmosphères persévèrent et restent inhérentes aux corps auxquels leur existence est liée, comme dans le magnétisme terrestre et celui que manifestent le fer magnétique oxydé, le titane et d'autres substances. On sait que des corps légers flottant sur l'eau, et des gouttes légères de ce liquide se réunissent lorsqu'ils ne sont plus qu'à une légère distance les uns des autres, et que ce phénomène échappe aux calculs des attractions, dans lesquels on fait intervenir l'action des corps agisssant par leurs masses pour se rendre compte de ces divers effets, qui ne sont probablement que le résultat de l'attraction et de la distension qui s'exercent sur les atmosphères qui environnent ces corps.

L'expérience nous apprend que l'électricité se développe par le frottement ; or, quelque grossiers que soient les moyens que nous employons pour désorganiser les corps, surtout lorsque l'on considère combien ces moyens sont loin de pouvoir atteindre à la structure intime de ces corps, on peut conjecturer que comme alors les molécules qui les composent se trouvent à un état plus ou moins avancé de combinaison, des agrégations considérables de ces molécules peuvent être détachées de la masse de ces corps dans une direction tangentielle à leur surface, et recevoir dans cet acte un mouvement très-favorable pour les déterminer à devenir des satellites de ces corps.

Dans les combinaisons et les décompositions chimiques, les principes constituants des corps, lorsqu'ils sont mis en regard les uns des autres dans des conditions d'existence différentes de celles où ils se trouvaient d'abord, agissent les uns sur les autres; il s'établit des combinaisons entre les agrégations qui forment les atmosphères de ces corps, et il en résulte des effluves considérables de molécules matérielles, dont la vitesse intestine se change en un mouvement de translation, en donnant lieu à ces courants électriques énergiques qui, avec une vitesse plus prompte que la pensée, transportent les dépêches à des distances fabuleuses.

Que ces courants soient dus à des agglomérations de molécules constituées dans des circonstances différentes les unes des autres et ayant des masses et des vitesses diverses, qu'ils voyagent dans le même sens ou dans des sens opposés, le tout sans que ces diverses manifestations s'excluent mutuellement les unes les autres, c'est ce qu'il est permis de considérer comme très probable, et tout à fait analogue aux phénomènes qui se passent dans l'acte de la vision vers cette partie de notre œil destinée à porter à notre âme l'impression simultanée qu'elle éprouve des objets extérieurs, par suite de la faculté que possède la rétine d'être accessible, en même temps, à tant d'impressions diverses produites par la lumière sur cet organe. Il en est de même des sons qui affectent simultanément d'une manière différente la légère membrane de l'organe de l'ouïe, à l'aide de laquelle nous percevons ces sons sans confusion, et toujours distinctement les uns des autres.

Il est encore une foule d'autres effets produits par le mouvement des $\mu$ à travers des corps qui se trouvent sur leur passage, dont l'énumération trop longue dépasserait le but que je me suis proposé en vous adressant cette lettre, et dont l'explication viendrait se ranger tout aussi naturellement que les précédents sous l'enseignement de ma théorie. Ainsi, dans le contact des corps, les inégalités que présentent leurs surfaces, les aspérités dont elles sont hérissées ne permettent jamais qu'à un nombre très-limité des molécules qui les composent de se placer respectivement dans les conditions où se trouvent ces mêmes molécules lorsqu'elles sont unies entre elles par les liens de la cohésion, de manière à former un corps constitué. Mais les $\mu$, en traversant continuellement les espaces vides de matière, et par conséquent moins denses, qui séparent les deux corps, augmentent de vitesse, tout en établissant entre les *m* qui constituent ces corps des rapports de forme et de position qui tendent à reconstituer un corps organisé; et c'est pour cela que les corps solides, tout comme les liquides, éprouvent, lorsqu'ils sont en présence les uns des autres, une tendance incessante à se réunir en une seule et même masse.

Ceci donne l'explication d'une foule de faits parmi lesquels je citerai celui tout récent de la réunion entre eux des glaçons immergés dans de l'eau au-dessus du terme de la congélation, fait qui vient d'être signalé et mis en si grande lumière avec tant de tact et de lucidité, par le génie puissant de notre célèbre contemporain Faraday. Évidemment dans ce cas, les $\mu$, en passant d'un des glaçons à l'autre, ont établi des rapports de position entre les *m* qui n'existaient pas auparavant, et qui étaient de nature à les reconstituer en un seul et même corps.

Un autre phénomène analogue non moins intéressant pour la science, et qui trouve aussi son explication dans les actions qu'exercent les molécules matérielles en mouvement sur les corps en repos, est celui de l'adhérence que contractent les surfaces des glaces et des autres corps polis, lorsque ces surfaces sont restées pendant un certain temps en contact les unes avec les autres. L'adhérence des glaces devient alors telle qu'elles finissent par ne former qu'une seule et même masse qu'il devient impossible de séparer sans la briser. Le soudage des essieux aux boîtes des roues de voiture que l'on transporte sur les chemins de fer, est un phénomène analogue qui doit être aussi attribué aux mêmes causes, et l'on peut croire que l'immense effluve de molécules qui sont rendues libres et mises en jeu sur les chemins de fer par suite des mouvements, des frottements, des chocs qui se traduisent par de puissants courants d'électricité, sont des causes auxquelles on peut attribuer la promptitude avec laquelle se passent tous ces phénomènes sur une vaste échelle.

A tous ces faits j'en ajouterai un autre que le hasard m'a fourni l'occasion d'observer, et qui vient encore corroborer l'opinion que je me suis faite sur la nature des rapports qui lient entre elles les molécules matérielles qui constituent les corps, et l'influence que ces rapports exercent dans les diverses phases par lesquelles passe leur existence. Il s'agit de la réunion par simple juxtaposition des fragments d'un sucrier que j'avais laissé tomber de la hauteur de ma main sur des carreaux en pierre, et qui s'était brisé en un grand nombre d'éclats. L'inspection des parties brisées me donna lieu de remarquer que l'argile qui avait été employée à fabriquer ce vase léger présentait des veines alternativement rouges et jaunes, qui indiquaient que les deux espèces de terre dont s'était servi le potier différaient entre elles par l'état d'oxydation auquel se trouvait le fer ou autre métal qui les colorait. J'essayai, sans beaucoup d'espérance, de le remettre à neuf, de réunir patiemment tous les fragments jusqu'aux plus petites parcelles avec du fil très-fort, fortement serré et arrêté dans tous les sens, de manière à maintenir tous les morceaux dans leur situation première, et j'abandonnai le sucrier ainsi restauré sans m'en occuper davantage.

Au bout de quelques années, le sucrier fut retrouvé dans le même état et à la même place où il avait été oublié. Je le débarrassai des liens en fils qui l'enveloppaient de toutes parts, et ma surprise fut extrême de le voir parfaitement rétabli dans son premier état. Il a résisté pendant longtemps aux chocs et aux accidents inséparables du service auquel il était destiné, et il n'était possible de constater les traces de cet accident que par l'absence de quelques parcelles qui n'avaient pu être recueillies, et laissaient de petits vides dans les angles des fragments où elles avaient fait défaut, seuls moyens qui restaient de constater la restauration dont il avait été l'objet.

L'occasion de renouveler la même expérience s'est encore présentée à moi quelques années après dans des circonstances à peu près semblables, et a été couronnée du même succès. L'argile qui avait servi à la fabrication de ce second sucrier me paraissait de la même nature que celle du premier, colorée aussi en rouge et en jaune, et provenir autant que je puis le conjecturer des fabriques de poteries de Sarreguemines.

J'ai fait dans beaucoup d'autres circonstances des essais analogues avec de la poterie grossière, de la faïence blanche, de la porcelaine, mais toujours inutilement et sans aucun succès. Plusieurs fois il m'est venu à la pensée qu'il était possible que les deux espèces de terre, qui différaient entre elles par la nature des oxydes métalliques qui les coloraient et peut-être encore par d'autres caractères, constituassent les éléments d'une pile voltaïque dont l'action continue quelque faible qu'on la supposât, exercée pendant un laps de temps considérable, avait pu finir par déterminer des effets aussi énergiques que ceux produits instantanément sous nos yeux par les moyens puissants dont la science actuelle dispose pour organiser et désorganiser les corps. Il est aussi permis de croire que l'oxyde de fer qui entrait dans la composition des argiles possédait les caractères magnétiques, et qu'il en résulta des courants qui avaient transporté les éléments de ces corps d'une des surfaces à l'autre, de manière à rétablir la disposition et l'équilibre entre les molécules auxquels était due la cohésion qui existait auparavant entre ces surfaces.

Il est un autre effet produit par l'électricité, que je considère comme rentrant aussi dans cette même classe des phénomènes qui découlent des attractions exercées par les molécules matérielles les unes sur les autres, lorsqu'elles sont réduites à cet état de ténuité inaccessible à nos observations, et qu'alors elles obéissent, comme dans les actions chimiques et lumineuses, aux lois de l'attraction : ce sont ces couches alternativement brillantes et obscures, qu'on observe dans les phénomènes de la *stratification*, quand on introduit dans l'œuf électrique des vapeurs d'alcool avant de faire le vide.

Ces phénomènes, et autres analogues, me semblent avoir trop d'analogie les uns avec les autres, et trop se trouver en corrélation, comme l'exprime si énergiquement M. Grove, pour refuser de leur reconnaître une seule et même origine. C'est partout la matière marchant avec de grandes vitesses dans le même sens ou en sens opposé, qui se groupe d'une manière uniforme en suivant les mêmes lois, produisant les mêmes effets et présentant les mêmes résultats; et le tout avec une promptitude d'action due à la nature même des molécules auxquelles j'ai attribué une si énorme densité, que pour arriver à se rendre compte des faits les plus incompréhensibles qui se passent sous nos yeux, on est obligé plutôt de se défendre que de s'appuyer des moyens qui sont la conséquence de l'état et des propriétés physiques sous lesquels j'ai considéré la matière.

Le transport des molécules matérielles, constituées de manière à former des corps appréciables aux moyens d'observation que possèdent les chimistes pour les distinguer entre eux sous la dénomination de corps simples, peut rendre raison d'une foule de phénomènes chimiques, physiques et géologiques pour l'explication desquels on s'est aussi perdu jusqu'ici en vaines conjectures. En effet, puisque l'on voit la matière transportée en si grandes masses d'un pôle à l'autre de la pile, pourquoi le même effet ne se produirait-il pas sur une moindre échelle par les courants magnétiques, électriques que l'expérience nous a indiqué exister dans tous les sens, autour de tous les corps, partout où nous avons essayé d'en constater l'existence ? Les molécules dont sont composés ces courants ne sont, en dernière analyse, que celles mêmes qui constituent les corps de toutes natures ; car l'on sait que les parties constituantes des corps organisés sont dans un état perpétuel de mouvement, et qu'il doit en résulter des échanges avec les diverses parties des autres corps qui les environnent ou avec lesquelles elles sont mises en contact.

On admet aujourd'hui qu'au bout d'un certain nombre d'années, tout ou partie de la matière qui constitue l'individualité de chaque homme a disparu pour aller constituer d'autres corps, et qu'elle a été remplacée par d'autres agents qui sont venus prendre la place des premiers, auxquels ils se sont substitués. Les os des animaux nourris de garance se colorent en rouge jusque dans les dernières ramifications de leur organisation, c'est un fait que M. Flourens vient de démontrer en faisant voir par les différentes couches qui représentent fidèlement les temps pendant lesquels on a continué ou suspendu l'usage de cette plante dans l'alimentation, que ce principe colorant se substitue avec une incroyable rapidité aux substances qu'il vient remplacer. On voit encore dans des blocs de cristal, soit naturels, soit artificiels et fabriqués dans nos fourneaux de verrerie, des géodes ou parties vides dans lesquelles on constate la présence de liquides ou de cristaux étrangers à la nature des corps dans lesquels ils se trouvent enveloppés.

Des corps gazeux sous de plus ou moins grandes pressions, traversent aussi des corps denses en conservant leur ressort et s'abaissent quoique plus légers, ou s'élèvent quoique plus lourds, pour aller former des combinaisons lorsque des circonstances favorables les déterminent à obéir à leurs affinités chimiques. Si l'on pétrit de l'argile en pâte très-épaisse avec une eau dans laquelle on aura dissous des sels, on verra ces sels, à mesure que l'eau s'évaporera, se transporter relativement à de grandes distances pour se réunir et former de gros cristaux transparents au milieu de la masse opaque, solide, qu'ils déplacent. Évidemment dans tous ces cas et autres analogues, ces transformations sont le résultat de molécules matérielles circulant librement dans l'espace, tout en éprouvant des perturbations relatives à la densité, à la nature et à l'arrangement des molécules qui constituent les corps se trouvant sur leur passage, et dans lesquels elles restent engagées, ou qu'elles traversent, perdant ou gagnant, suivant les circonstances, tout ou partie de la vitesse dont elles sont pourvues.

Or, s'il en est ainsi, pourquoi n'en serait-il pas de même dans les formations métalliques par filons, et dans celles qui, comme le diamant, sont le résultat de cristallisations isolées ? Tout comme dans une multitude de substances en apparence sans liens avec d'autres au milieu desquelles elles se trouvent engagées, la forme seule comme un moule inaltérable paraît être la principale, peut-être même la seule condition qui préside à la constitution physique de tous les êtres, cette forme est le résultat de certaines conditions de masses, de vitesses et d'équilibre des molécules qui constituent les corps : et tant que ces conditions sont conservées, elles agissent pour perpétuer la permanence des espèces et les apparences que nous présente la matière organisée, de manière à agir sur nos sens, et à y provoquer les impressions que Dieu a voulu qu'elles y produisissent pour la conservation de l'homme, dernier degré de perfectibilité de son œuvre, auquel il a subordonné tous les autres êtres de la création.

Telles sont, Monsieur, les idées que je me suis faites de l'ensemble de tous les phénomènes de la nature. Vous comprendrez dès lors qu'en m'en demandant l'exposé, je n'aie pu, même en me réduisant aux considérations qui se rattachent à une seule des branches de la science, me réduire dans les simples bornes d'une lettre, et c'est pourquoi je me suis permis de donner à ma réponse la forme d'un mémoire, que je fais imprimer dans le *Cosmos* afin d'en rendre la lecture plus facile, et consigner en même temps mes idées et mes opinions dans un recueil scientifique où se trouve déjà tout ce que j'ai écrit sur cette matière.

Ceux qui font partie de la nouvelle école de Montgolfier et les jeunes gens qui voudront s'engager dans la réforme scientifique à la propagation de laquelle je consacre tous mes efforts, trouveront dans la lecture de cette lettre un aliment à leurs réflexions qui leur permettra de fixer leurs idées sur la convenance et la nécessité, soit de se rallier à ces nouvelles théories, soit de persister encore à rester attachés à un ordre d'idées dont il n'est pas possible que la saine raison ne fasse pas justice dans un court laps de temps, pour être remplacé par les miennes ou toutes autres plus conformes aux progrès que la science a faits et fait encore chaque jour sous nos yeux.

Vous comprendrez, Monsieur, qu'en me consacrant à éclairer une question qui embrasse toutes les branches des sciences physico-mathématiques et qui a fait l'objet de l'étude de toute ma vie, il ne m'a pas été possible d'acquérir des connaissances profondes et spéciales sur aucun des points particuliers qui en constituent le vaste réseau, et que j'ai dû me borner à toutes les effleurer en les considérant dans les rapports qu'elles avaient entre elles et avec mes idées; on ne sera donc point surpris ni étonné s'il m'échappe des faits qui me sont inconnus, ou si je tombe dans des erreurs ou des confusions indiquant que je n'ai pu suivre pas à pas les progrès qui sont le fruit des observations, des études et des travaux des savants de nos jours, qui honorent le siècle où nous vivons. Aussi je me considère simplement comme appelé à ouvrir de nouvelles voies, et à indiquer aux savants qui me suivront, et qui voudront se décider à examiner avec impartialité et dépouillés de toute idée préconçue, le nouveau mode sous lequel je propose d'envisager l'ensemble des phénomènes de la nature; car c'est seulement à la suite de longues études spéciales sur chacun des points que je soumets à leur investigation, qu'il pourra résulter de tous leurs efforts réunis un corps de doctrine où tout ce que j'ai avancé de juste et de vrai, qui aura été reconnu conforme à la raison par les esprits droits, restera acquis à la science, ainsi que me l'exprimait si judicieusement M. Faraday, tandis que les erreurs et les fausses appréciations dans lesquelles j'ai pu tomber seront éliminées. Ainsi il m'est arrivé de me trouver en pleine contradiction avec les idées émises par notre immortel maître à tous, le grand Newton! qui admettait que dans la réfraction, la vitesse du rayon lumineux était d'autant plus grande que la densité des corps diaphanes que ce rayon traversait l'était elle-même davantage, tandis qu'en se rapportant au mode sous lequel j'envisage ce phénomène, on trouve que les molécules lumineuses ou $\mu$ perdent nécessairement de leur vitesse en traversant les corps, et cela d'autant plus que les *m* ou système de corps fixes, sont en plus grand nombre sous le même volume, ce qui constitue leur densité; et il s'est rencontré qu'après m'être trouvé pendant un grand nombre d'années en butte à cette objection, M. Foucault a découvert, par des expériences directes, qu'en effet la lumière perd d'autant plus de sa vitesse qu'elle traverse des corps plus denses.

Il en a été de même au sujet de la quantité de chaleur nécessaire pour élever la température de la vapeur; d'après M. Clément, la science considérait cette quantité comme invariable, quelles que fussent la tension et la température de la vapeur. Les idées de Montgolfier et les miennes par suite, s'étaient toujours élevées contre ce qui nous semblait un vrai paradoxe et une absurde contradiction, puisque nous considérions la puissance mécanique que l'on pouvait obtenir de la vapeur, en la faisant passer par divers états de tension et de température, comme la représentation corrélative de la quantité de chaleur dont elle était pourvue; l'erreur que nous combattons s'est perpétuée jusqu'à ce que les expériences de M. Regnault soient venues démontrer que nous avions encore raison.

Il ne faut pas perdre de vue, lorsqu'on envisage toutes ces questions, que l'immensité de l'univers, dont la majesté étonne et confond notre imagination et joue pour nous un rôle si vaste dans la création, est régie par des lois qui ne diffèrent en rien de celles auxquelles sont assujetties les organisations que nous considérons comme les plus simples et les plus élémentaires d la création; plus la science s'étend, plus elle fait de progrès, et plus on tend à reconnaître cette grande vérité.

Les moyens optiques que nous acquérons de plus en plus pour amplifier la dimension des corps à mesure que nous avançons dans l'observation de leurs propriétés, aidés par l'imagination active et les calculs des savants qui se basent sur l'analogie, reculent d'une manière presque indéfinie les moyens que nous possédons de comparer l'infiniment grand à l'infiniment petit, et ces moyens nous font reconnaître entre les substances organisées et inorganiques des rapports et des analogies dont nous n'avions nulle idée. Tout nous ramène donc à cette grande devise de la nature : simplicité et économie dans les moyens, richesse et variété dans les résultats !

Veuillez agréer, etc.,

SEGUIN aîné.

Nous faisons suivre ce Mémoire d'une lettre insérée dans le 17e volume du *Cosmos*, page 603 :

*A Monsieur Trambla y, directeur du* Cosmos.

Monsieur,

J'ai lu avec attention la lettre qui vous a été adressée par un de vos Abonnés, et que vous avez fait insérer dans le Numéro du *Cosmos* en date du 10 août, relativement aux diverses observations scientifiques que j'ai émises, à différentes époques, sur l'identité du calorique et du mouvement, et qui m'ont amené à publier plusieurs articles sur leur origine commune, considérée comme cause, dont l'un et l'autre de ces phénomènes ne me paraissent être que des manifestations.

Votre correspondant trouve, et avec raison, que plusieurs points de la nouvelle doctrine mise en avant par moi pour remplacer les idées reçues et admises jusqu'ici dans la science, manquent de clarté et de développement. Je suis d'autant plus porté à admettre la vérité et la justesse de ces observations, que déjà plusieurs remarques analogues me sont parvenues, soit d'une manière directe, soit d'une manière indirecte. Mais comme elles m'avaient paru, en général, être plutôt l'expression du désir de me trouver en défaut, avant d'avoir cherché à me comprendre, que de celui de me mettre à même d'éclaircir ce qu'il pouvait y avoir d'obscur et de hazardé dans mes réflexions ou ma rédaction, il ne pouvait entrer dans ma pensée de répondre à des objections par des raisonnements qui n'eussent point satisfait les auteurs de ces objections, et n'auraient abouti, quelque satisfaisante qu'on eût pu supposer mon argumentation, qu'à faire naître d'autres objections aussi peu fondées que les premières, et par conséquent tout aussi impossibles à résoudre.

Mais la lettre polie de votre correspondant, insérée par vos soins dans le *Cosmos*, est écrite dans un tout autre esprit, et me fait regarder comme une obligation de prendre la parole et d'user du même mode que lui pour donner quelques explications sur la manière incomplète dont j'ai présenté l'assertion relative à la conservation indéfinie du mouvement et à l'impossibilité de l'annihilation de la force. En effet, je n'avais point assez approfondi moi-même, je l'avoue, la partie de cette question sur laquelle votre correspondant réclame de moi des explications.

J'écris sur des matières qui, dans l'état actuel de la science, exigent que ceux qui les cultivent soient initiés aux mystères les plus profonds de la haute analyse : je désire cependant mettre ces questions à la portée des hommes doués d'un raisonnement sain et droit, dont l'esprit a été développé et rectifié par l'habitude de la réflexion qui, dans la plupart des cas, supplée, si elle ne remplace pas entièrement la rigueur des démonstrations analytiques.

Or, en me plaçant à ce point de vue, et supposant à mes lecteurs non les connaissances mathématiques, mais seulement cet esprit droit et exact qui, convenablement développé, forme les grands géomètres, et suffit pour faire discerner intuitivement la vérité de l'erreur, lorsqu'il s'agit d'envisager les questions dans les limites générales des phénomènes de la nature qui nous sont les plus familiers, je ne puis évidemment, à chaque proposition ou assertion nouvelle que je mets en avant et que je considère comme un axiome dont le simple exposé implique la démonstration, entrer dans tous les détails, rappeler tous les ouvrages élémentaires, renvoyer aux démonstrations des auteurs qui ont traité ces questions de manière à faire l'éducation de mes lecteurs sur des matières auxquelles je dois les supposer assez initiés pour me comprendre; et ceux qui ne consentent à me prêter leur attention qu'à la condition que je me renferme dans un ordre de faits, et m'astreigne à un mode scientifique de procéder qui se rapporte uniquement à la manière dont ils envisagent la culture des sciences physico-mathématiques, doivent renoncer à suivre les traces du sentier épineux dans lequel je me suis engagé. Je consens et me résigne à n'être considéré par eux que comme un esprit aventureux parcourant des régions arides de la science, incapables de les dédommager de leurs peines et de leurs soins par les avantages éventuels qu'ils pourraient y trouver pour leur instruction.

Mais je veux édifier votre correspondant, qui paraît être dans une autre disposition d'esprit et désirer connaître les considérations qui ont servi de base à l'assertion émise dans mon Mémoire sur l'origine et la propagation de la force, à savoir que plus de deux molécules, placées à distance dans l'espace, et obéissant à leurs actions réciproques, devaient nécessairement décrire des courbes du second degré autour de leur centre commun de gravité; et que le cas dans lequel un pareil système finirait par former une masse immobile n'était pas infiniment peu probable, comme l'a avancé M. de Laplace à la page 429 du deuxième volume de son *Exposition du système du monde*, imprimé à Paris en 1813, mais bien impossible comme se trouvant en contradiction avec les lois du mouvement basé sur le principe de l'attraction à distance. Voici les raisonnements qui me semblent devoir donner à cet égard une pleine et entière satisfaction.

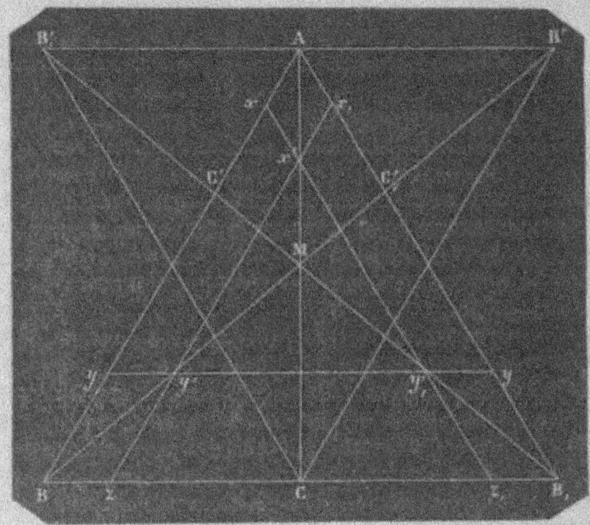


Supposons d'abord, pour aborder le cas le plus simple, que trois centres d'action, ou si l'on veut trois molécules matérielles $ABB_{,}$ (fig. 1), ayant une forme telle qu'elles puissent réciproquement se pénétrer sans qu'il en résulte aucune rencontre de leur centre de gravité, dont la masse de l'une A est égale au double de celle de l'un des deux autres $BB_{,}$, se trouvent placés dans l'espace aux trois points $ABB_{,}$ formant les sommets des trois angles d'un triangle équilatéral $ABB_{,}$ et obéissent à la loi de l'attraction en raison directe des masses et inverse du carré des distances.

Tous les mouvements provenant des diverses actions de ces corps devant avoir lieu indépendamment les uns des autres, et s'accomplir comme s'ils étaient soumis simplement deux à deux à leurs actions réciproques, les espaces parcourus, dans le même temps, par les corps A, B, seront entre eux en raison inverse de la masse de ces corps par conséquent ; et lorsque A sera parvenu en $x$, B aura parcouru $By$ double de $Ax$. Mais pendant ce même temps A se sera aussi approché de $B_,$ d'une quantité $Ax_,$ égale à $Ax$, et sera par conséquent parvenu en $x'$. D'autre part B se sera approché de $B_,$ d'une quantité $Bz$, et $B_,$ de B d'une quantité $B_, z$, égale à $Ax$; d'où il suit qu'au bout d'un temps $t$ les trois corps $ABB_,$ se trouveront aux sommets des trois angles d'un triangle $x' y' y'_,$ semblable à $ABB_,$, et ayant le même centre de gravité que lui. Ces corps continueront à graviter les uns vers les autres, comme ils l'ont fait depuis l'origine du mouvement, et ils arriveront ensemble en même temps à leur centre commun de gravité M. A partir de ce point la fôrce accélératrice qui déterminait ces corps à s'approcher les uns des autres changeant de signe, ils perdront le mouvement dont ils étaient pourvus, parcourant les mêmes phases que dans la période précédente de leur accélération de vitesse : A viendra se placer en C ; B en B' et $B_,$ en $B'_,$ pour recommencer une suite indéfinie de semblables oscillations.

On parviendrait à des résultats semblables en considérant les corps $BB_,$ comme concentrés à leur centre de gravité C et oscillant l'un vers l'autre autour de ce centre, pendant que lui-même oscille avec A autour de leur centre commun M. Je n'entrerai dans aucune des démonstrations de détail amenant à reconnaître que AM est double de AC, AC le tiers de AB, que les rapports de la longueur de ces lignes sont relatifs à la masse des corps $ABB_,$, et que les conditions générales du mouvement de ces corps sont indépendantes de leurs masses ; toutes considérations dans lesquelles il serait superflu d'entrer pour éclairer des lecteurs, qui probablement n'en auront pas besoin, s'ils consentent à me suivre dans la voie difficile où je cherche à les engager.

Je ferai seulement remarquer à cette occasion, qu'en considérant les deux corps $BB_,$, comme concentrés au centre commun de gravité, on fait une supposition qui subsiste rigoureusement, tant que l'on ne considère que les rapports statiques de ces corps entre eux. Mais si l'on suppose que ces corps exercent des actions attractives les uns sur les autres, la distance A de C, étant plus courte que celle de A en B et en $B_,$, les fonctions des vitesses et du temps doivent varier avec celles des distances, et c'est ici encore le cas de faire remarquer, comme je l'ai fait dans mon Mémoire sur l'origine et la propagation de la force, le danger d'étendre à la dynamique les lois de statique, qui président seulement à l'état des corps en équilibre et au repos.

Passons actuellement au cas où les distances qui séparent les trois corps ne sont pas égales entre elles, et pour plus de simplicité, supposons que ces trois corps ayant des masses égales, se trouvent placés aux trois sommets des trois angles d'un triangle isocèle $ABB_1$ (fig. 2), dont les côtés $AB$, $AB_1$, égaux entre eux,

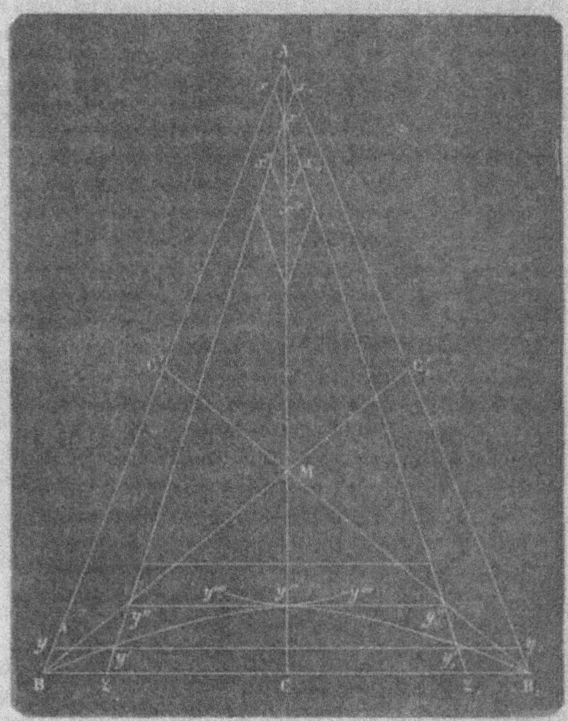

sont plus grands que $BB_1$. Ici, de même que dans le cas précédent, nous pouvons considérer le corps A comme gravitant simultanément vers B et vers $B_1$, et occupant successivement les positions $x'$ $x''$, en parcourant des espaces égaux aux diagonales des forces représentées en intensité et en direction par les lignes $Ax$, $Ax_1$, $x'x''$, $x'x_{11}$ pendant que, dans le même temps, B et $B_1$ s'approchent de A d'une même quantité. Pendant ce même temps B et $B_1$ s'approcheront l'un de l'autre, mais comme leur distance est moindre que celle qui les sépare de A, leurs vitesses seront plus grandes et le temps au bout duquel ils arriveront ensemble vers C sera moins considérable que celui employé par B et $B_{,}$, considérés comme concentrés au centre de gravité C, pour arriver à leur centre commun de gravité M. Il résultera de ces divers mouvements combinés, que A gravitera vers C, centre de gravité de B et de $B_{,}$, sans jamais s'écarter de cette ligne, et que d'autre part, les corps $BB_{,}$ accompliront autour de leur centre de gravité commun C des oscillations dont la durée sera relative à la distance $BB_{,}$, qui sépare ces deux corps l'un de l'autre, et par conséquent entièrement indépendante de la durée des oscillations de A et de C, autour de M, puisque les distances AB, $AB_{,}$ n'ont aucun rapport avec la distance $BB_{,}$.

Mais comme les masses $ABB_{,}$ sont égales entre elles, A et le centre de gravité C, autour duquel oscillent B et $B_{,}$, se rencontreront toujours au centre de gravité M, et arriveront en même temps, en changeant de place, A en C et C en A, quelles que soient d'ailleurs les positions et les distances de B et de $B_{,}$ relativement à C, puisque ces positions et ces distances sont entièrement indépendantes, et seulement relatives au rapport de AB et $AB_{,}$ à $BB_{,}$.

Supposons actuellement que pendant un laps de temps $t$ considéré comme indivisible, A soit parvenu en un point $x'$ en parcourant la diagonale des forces $Ax'$, résultant du mouvement simultané de A vers $x$ et vers $x_{,}$, dont les positions peuvent être déterminées par les formules du mouvement varié. B et $B_{,}$ pendant ce même temps s'approcheront l'un de l'autre, et simultanément de A; mais comme la distance $BB_{,}$ est moindre que AB, nous supposerons encore le rapport de ces distances tel que lorsque l'attraction, en agissant sur A et B, pendant le temps $t$, fera parcourir à ces deux corps les espaces $Ax'$ $By$, les corps B et $B_{,}$ parcourront, pendant ce même temps, des espaces $By'$ $By'_{,}$ représentant la diagonale des espaces $By$ $Bz$, $B_{,}y_{,}$ $Bz_{,}$ dans lesquels les espaces $Bz$ $Bz_{,}$ sont doubles de $Ax$ et de $By$. Les deux corps $BB_{,}$ au bout du temps $t$, se trouveront donc aux points $y'$ $y'_{,}$, occupant les sommets des trois angles d'un triangle isocèle $x'$ $y'$ $y'_{,}$.

Or, ce triangle ne sera point semblable au triangle $ABB_{,}$; comme dans le cas précédent, le rapport de distance entre les côtés $x'$ $y'$ et $y'y'_{,}$, aura augmenté, et ces deux derniers points seront proportionnellement plus près l'un de l'autre qu'ils ne l'étaient à l'origine du mouvement. Dans un temps $t'$ qui suivra $t$, si les corps B et $B_{,}$ sont parvenus en $y'''$, le corps $x'$ ne sera encore parvenu dans le même temps qu'à un point $x'''$, en parcourant la diagonale des forces $x'a'''$ résultante des composantes $x'x''$, $x', x_{,,}$, et comme le corps B pendant le temps $t'$, aura parcouru la diagonale $y'y'''$, plus grande dans la proportion du mouvement de ces corps que $By'$, il s'ensuit que le point $y'''$ ne se trouvera pas dans la direction de $By'$, et que le corps B aura par conséquent parcouru une courbe $By'y'''$, qui, par la nature des forces qui ont agi sur B, se trouvera assujettie à la loi de continuité, et pourra être représentée par une équation dont le degré reste encore à déterminer.

Passé ce point, les corps $BB_{,}$ continueront leur marche, en vertu de leur vitesse acquise en se rapprochant de l'axe AC, des abscisses communes à ces deux courbes, et il y aura une inflexion au point $y'''$, puisque alors les corps B et $B_{,}$ tendront à se rapprocher de A, qui lui-même tendra vers M, augmentant toujours de vitesse, jusqu'à ce qu'il soit parvenu en M, où il arrivera en même temps que C. Passé ce point, la vitesse de A ira en diminuant, et ce corps parcourra les mêmes phases que dans la première période de son mouvement, en diminuant toujours de vitesse, jusqu'à ce qu'il soit parvenu en C, pour recommencer ensuite une série indéfinie d'oscillations pareilles.

Pendant ce même temps, les corps $BB_{,}$ oscilleront l'un autour de l'autre, en parcourant des courbes $By'y'''y''''$, et l'on pourra déterminer la position que ces corps occupent dans l'espace, sur ces courbes, ainsi que leur vitesse en fonction du temps écoulé depuis l'origine du mouvement, en intégrant les différentielles qui expriment les rapports de ces diverses quantités à un moment donné, par suite de l'attraction que ces divers corps exerceront les uns sur les autres.

On conclura de tout ce qui précède ce qu'il était d'ailleurs aisé de prévoir *a priori* et au début même de la discussion de cette question, c'est que tant que l'on se borne à considérer les actions réciproques des corps, en ne faisant varier que les masses, on reste dans les limites de rapports exprimés par des lignes droites, puisque les masses n'entrent dans la composition des équations qu'à la première puissance. Mais aussitôt que l'on fait varier la distance, l'action des corps entre eux variant comme le carré de ces mêmes distances, l'intégration des équations différentielles qui expriment, à un instant donné, les rapports de vitesse et de distance existant entre ces corps, présente des difficultés que les ressources, dont la haute analyse infinitésimale a pu disposer jusqu'ici, ont été impuissantes à résoudre.

L'assertion émise dans mon sommaire sur l'origine et la propagation de la force, et ainsi conçue : « Dès que l'on considère « plus de deux molécules ayant des masses inégales, le mouve- « ment ne peut plus exister en ligne droite, parce qu'elles exer- « cent les unes sur les autres des actions ou perturbations qui « les forcent inévitablement à décrire des courbes qui sont repré- « sentées par des équations du second degré, » doit donc être changée en celle-ci :

« Trois corps placés à distance dans l'espace, aux sommets des trois angles d'un triangle équilatéral, et soumis à l'action de la gravité, en raison directe des masses et inverse du carré des distances, s'approcheront du centre de gravité et viendront le traverser en même temps, en accomplissant autour de lui une suite indéfinie d'oscillations semblables. Mais dès que les distances changeront, les rapports de position de ces corps, variant comme les carrés de ces mêmes distances, devront être exprimés par des équations du second degré. »

SEGUIN AÎNÉ.

FIN.

Paris. — Imp. de W. REMQUET, GOUPY et Cie, rue Garancière, 5.

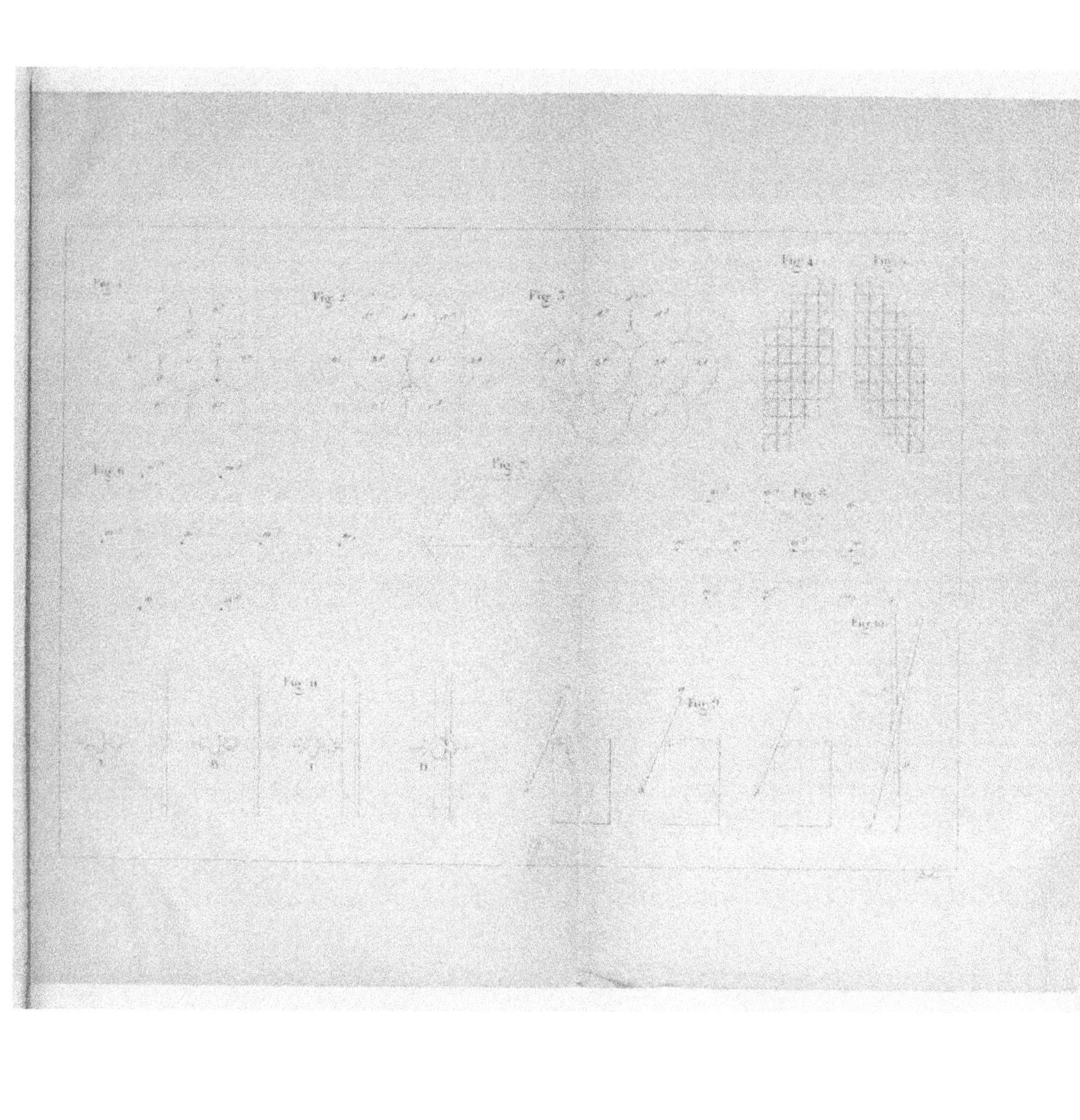

www.ingramcontent.com/pod-product-compliance
Ingram Content Group UK Ltd.
Pitfield, Milton Keynes, MK11 3LW, UK
UKHW022059170726
13837UKWH00003B/1006

9 782329 225234